电气工程系列丛书

本书由江苏高校品牌专业建设工程资助项目（TAPP，项目负责人：朱锡芳，PPZY2015B129）、常州工学院－"十三五"江苏省重点学科项目－电气工程重点建设学科、2016年度江苏省高校重点实验室建设项目－特种电机研究与应用重点建设实验室、江苏省政策引导类计划（产学研合作）——前瞻性联合研究项目（BY2016031-06）、江苏高校文化创意协同创新中心项目（XYN1514）、常州市应用基础研究计划项目（CJ20179061）、江苏省建设系统科技项目（2016ZD85）资助出版

史建平　著

智能物流

交叉带分拣机的设计

U0320396

江苏大学出版社
JIANGSU UNIVERSITY PRESS

镇　江

图书在版编目(CIP)数据

智能物流交叉带分拣机的设计 / 史建平著. — 镇江：
江苏大学出版社，2017.12(2018.11 重印)
 ISBN 978-7-5684-0726-7

 Ⅰ．①智… Ⅱ．①史… Ⅲ．①自动分拣机－机械设计
Ⅳ．①TH691.5

中国版本图书馆 CIP 数据核字(2017)第 319397 号

智能物流交叉带分拣机的设计
Zhineng Wuliu Jiaochadai Fenjianji De Sheji

著　　者/史建平
责任编辑/王　晶　李菊萍
出版发行/江苏大学出版社
地　　址/江苏省镇江市梦溪园巷 30 号(邮编：212003)
电　　话/0511-84446464(传真)
网　　址/http://press.ujs.edu.cn
排　　版/镇江市江东印刷有限责任公司
印　　刷/虎彩印艺股份有限公司
开　　本/890 mm×1 240 mm　1/32
印　　张/5
字　　数/162 千字
版　　次/2017 年 12 月第 1 版　2018 年 11 月第 2 次印刷
书　　号/ISBN 978-7-5684-0726-7
定　　价/32.00 元

如有印装质量问题请与本社营销部联系(电话：0511-84440882)

前　言

　　"双十一"购物狂欢节,已成为中国电子商务行业的年度盛事,并且逐渐影响到国际电子商务行业。根据阿里巴巴公布的数据,2017年"双十一"天猫、淘宝总成交额1 682亿元,再次刷新纪录。每年的"双十一",网购订单均会瞬间激增,而下单后的送货环节却成为买家吐槽的重点。天猫、京东、易迅等国内几大电子商务网站为比拼送货速度,纷纷承诺网购包裹"当日达""一日三送"等快速送货服务。圆通、申通、中国邮政EMS、顺丰等快递公司甚至紧急征调飞机解决"双十一"期间天猫订单的货运问题。"双十一"购物狂欢节虽然已经过去,然而其巨大的购物量产生的影响却没有结束。对于快递企业而言,快递公司只能启动限流方案避免爆仓,但导致很多新生成的快件无法按时配送,产生了滞留现象。同时,临近"双十一"购物狂欢节,由于快递员收入少且工作时间长,不少快递从业人员选择辞职避过这段时间或者干脆转行。根据调查,目前国内极大部分的二级分拣站点都是采用人工分拣的方式,工人的劳动强度大、效率低、错误率高,分拣过程对快件的损坏多。快递行业要保持竞争力、使业务持续增长,必须革新其运作模式,而其中分拣设备的自动化是达到这些业务目标的最有效方式。

　　本书针对物流交叉带式自动分拣系统开展论述,全书主要研究内容如下:

　　针对物流行业中传统分拣方式工作强度大、效率低、分拣错误率高等缺陷,分析各类自动分拣机的功能需求和性能特点,提出一种新型的交叉分拣系统实现策略,围绕交叉带分拣机的关键结构、优化设计、数据库管理、故障诊断、监控及高速高效运行控制等问题开展研究。结合实际已经完成的交叉带分拣机试验样机(包含8

个上包台,140 台小车,136 个下料口),研究交叉带式分拣机的系统结构及实现,三级传送上包控制系统及包裹分拣控制系统的设计,并针对落包机架、自动装包装置等内容进行研究分析。研究实现包裹信息扫描、小车定位检测、数据库管理、自动装包控制,使得包裹能实现自动分拣和自动装包。

本书研究的分拣系统通过对市场需求进行分析,获取系统功能需求;通过概要设计对整个交叉带系统功能进行模块划分、功能设计;通过样机实施、详细设计,测试完成每一个模块的功能实现与系统的设计与实现。系统运行正常,符合设计要求。相比人工分拣极大地提高了分拣效率,降低了分拣的差错率。

由于作者水平有限,书中难免有疏漏和不妥之处,敬请批评指正。

著　者

2017 年 11 月 28 日

目 录

第1章 绪 论

1.1 物流交叉带式自动分拣系统的发展现状及趋势

目前,随着快递业务需求的快速增长,用户要求更短的服务周期和更可靠的服务。快递服务业为使业务持续增长,保持竞争力,必须不断改进运作模式,而其中设备的自动化是达到这一目标的最有效方式。

随着科学技术的发展和进步,自动分拣系统也在不断地改进和创新,物流交叉带式自动分拣系统的主要技术发展现状如下:

1)环线小车多

随着我国经济的快速发展,物流业的规模越来越大,出港目的地越来越多,包裹的处理量也越来越大,必然要求分拣设备的大型化发展,如广东圆通快递物流交叉带式自动分拣系统,环线小车数量超过了120台。

2)分拣速度快

包裹处理量的增大必然要求设备工作效率、稳定性和维护性等指标参数的提高。与所有工业设备的发展相同,分拣设备的性能也将越来越先进,自动化程度越来越高,具体体现在包裹分拣速度越来越快,准确率越来越高,生产工艺不断地进步,稳定性更高。目前,包裹分拣机每小时的包裹处理量达到了20 000件以上。

3)信息实时化

在物流交叉带式自动分拣系统中,要求物流即包裹流与信息流实现在线或离线的高度集成,信息技术已逐渐成为分拣技术的核心。分拣设备的发展趋势是分拣设备与信息技术紧密结合,实现高度自动化。现场总线、图像识别与处理及互联网技术等高新技术与分拣设备系统的有效结合应用,将会成为今后大部分分拣系统的发展模式。

4)智能化与人性化系统

处理量的增大、科技的进步、人们对工作条件的要求使分拣设备的设计不仅要实现基本处理功能,还要实现越来越受重视的设备智能化与人性化,以降低劳动强度、改善劳动条件,使得系统操作更轻松自如。在分拣机的监控上对分拣状况进行实时跟踪,可以以动态画面的形式形象地提供系统各节点的状态诊断信息,对出错节点实时报警同时提供维修提示,并提供简单形象的用户界面以进行系统启动、调速、停机等各种相应操作。

5)绿色节能

社会与企业环保意识的提高对设备的制造有了新的环保要求,企业在选用分拣设备时会优先考虑环境污染小的绿色产品或节能产品。因此,分拣装备供应商也应关注环保问题,在分拣设备的设计中采取有效措施使设备达到环保要求。如在物流交叉带式自动分拣系统中采用新的设备与合理的设计,以降低设备的振动、噪音与能源消耗量等。

从全球范围看,海外大型智能物流系统集成商凭借其核心的产品优势(分拣速度、管理软件平台、出入库速度等),在自动化分拣系统领域形成了强大的品牌效应和规模效应。目前,国外较具规模的输送分拣设备专业厂商主要有 SIEMENS(西门子)、BEUMER(伯曼)、SSI SCHAEFER(胜斐迩)、DAIFUKU(大福)、OKURA(大库)、HOKUSHO(北商)等。由于国内快递分拣市场刚刚启动,初期应用分拣设备的主要为顺丰、DHL、UPS 等高端快递品牌,国内快递分拣系统的供应商目前主要为伯曼、西门子、胜斐迩等外资品牌。但随着二、三线快递巨头纷纷上市融资、开始采购自动化设备,分拣系统国产化的趋势已经非常明确,上海欣巴科技(永利股份)、科捷(软控股份)、东杰智能、金佳机电等国内企业均已开始与快递巨头的技术和项目对接。

西门子在分拣机领域的产品并不是最丰富的,但是技术仍处于领先地位,在中国市场也有一定领先优势。交叉带分拣系统VarioSort/VarioSort Twin最大的卖点是易维护,且持久耐用,可靠性极高。其由许多互相连接的小车组成,每个小车上安装有一条皮带,皮带方向与小车传输方向呈90°交叉。小车通过直线电机进行驱动,为了确保稳定,仅采取了很少的组件。小车之间的通信采取了工业无线局域网,西门子的工业无线局域网是确保Variosort分拣机维修方便的一个重要因素。同时该产品还具有可扩展体系结构和高性能开发工具,以及为适应各种不同流程的额外选项,例如报警管理、资产管理和安全管理。

伯曼集团Cross-Belt交叉带分拣系统的产品系列包括伯曼交叉带分拣机(BEUMER Belt Tray Sorter)和LS-4000CB交叉带分拣机(Cross-Belt Sorter)。

伯曼交叉带分拣机,采用非接触式能量传输技术、直线电机驱动,能对具有不同大小、形状、表面特性的产品进行分拣,并可靠、轻柔地将产品送抵准确的目的地。针对不同的产品,还可以选择相应的输送带材料及表面结构。通过无接触式的能量和数据传输,伯曼交叉带分拣机可以提供最大限度的灵活性,降低运营成本。此外,模块化设计理念可以根据客户的厂房架构设计最理想的分拣设备,完全不会影响和限制工作效率。

LS-4000 CB交叉带分拣机是高速的环形分拣系统,不仅可以缩短安装和调试的时间,而且在设计布置上也极具灵活性。这项新型的分拣技术极具环保优势,能提高能源效率,降低产品生命周期成本(PLCC),同时又不会影响速度、性能及可靠性。延续版本LS-4000flexbelt分拣机能够输送各种形状和尺寸的物品,极具灵活性。运载小车可采用单带或双带设计,每个小车最多可以装载4件物品,大大提高了分拣效率。此外,系统还能够实现将一根皮带上的两个物品一个向左卸放,一个向右卸放,或者两件同时向一侧卸放。

胜斐迩成立于1937年,是一家自主运营的德国家族企业。胜斐迄交叉带分拣装置是分体式箱式拣选系统,用于批量订单拣选和退货处理。不同行业的客户,如邮政业务、纺织品、食品、消费类产品和电子商务,都靠这套系统分拣大量不同的货物。交叉带拣选装置通过快速准确的方式小心地拣选处理货物。滑坡和输送带可被用作到达口,它们可以紧密和灵活地排列。速度可达 2.5 m/s,吞吐量达到 10 000 件/时。

目前自动化分拣系统已经成为发达国家大中型物流中心不可缺少的一部分。目前我国快递业的转运分拨环节才刚实现半自动化,快递能够实现在传送带上的自动运输,但识别和分拣仍然需要人工来完成。黄信兵等人针对尺度大小不一的脐橙,研究了一种自动装箱系统,实现了在每个纸箱中装入固定数量的脐橙。而在物流分拣系统中,包裹的大小形状不一、质量不等,在各个格口落包后累计的包裹总质量、总体积都是不确定的数值,具有很大的随机性。在现有交叉带式分拣系统的研究中,黄春阳在控制系统的设计中引人建模概念,并利用建模工具建立了主控制器节点与其他控制节点之间图形化的数据交互模型。该模型的建立可帮助系统设计人员更好地理解和把握系统框架。谢灿兴则是利用 Pro/E 三维建模功能和参数化工具,建立了上包台的参数化模型。对该模型的仿真研究,对交叉带式分拣机的研究开发提供了一定的理论基础。目前,自动化分拣系统在我国快递行业的应用刚刚起步,国内主要快递企业顺应快递业务快速增长及需求多样化的特点,加大装备、设施和技术投入,不断提升服务能力。为了满足物流业的发展需求,自动分拣技术尤其是国内自动分拣技术要不断的改进创新。

1.2 研究的目的和意义

过去十年内我国的电子商务经历了爆发式增长,在电商崛起的驱动下,快递行业保持高速增长,我国快递业务量连续 4 年同比增长超过 50% ,2014 年首次超越美国,成为全球第一快递大国。但近几年我国快递行业集中度呈下降趋势,尤其是前四大快递巨头的份额下降充分说明快递行业的竞争已经逐渐走向白热化,并且在可预见的未来数年中竞争加剧的趋势还将继续存在。作为典型的劳动密集型行业,快递行业的人力成本占比较高(40%~50%),在分拨转运站的分拣(分拣机)、分仓仓储(自动化仓储系统)及物流运输(无人运输)等环节均有较大的自动化提升空间。预计未来仅分拣机系统就有望在快递行业达到百亿的市场规模。

人工成本快速增加,快递单价逐年下滑,促使快递业提升效率。根据国家统计局统计数据,2014年我国交通运输、仓储及邮政业从业人员的平均工资为6.3万元/年,并呈现逐年上升的趋势。与此相反的是,快递业务平均单价逐年下滑,2007年为28.5元/件,到2016年下滑到14.65元/件,其中异地快递单价目前只有10元,同城快递单价只有5元。人工成本不断上升、业务单价逐年下降,因此,通过提高智能化、自动化水平来提升效率变得日益重要。

人工分拣效率低下,不能满足高速增长的快递量。人工分拣的弊端主要体现在:① 人工分拣拣货的正确率低;② 维持其运行的费用不断上升,总体消耗大、企业利润低;③ 无法达到系统期望的高效作业要求,使得服务响应的速度降低。伴随着快递量的高增长,人工分拣的低效率已严重制约快递业的发展。据有关资料统计,分拣作业成本占快递行业配送中心总作业成本的60%~80%,分拣时间占整个配送中心作业时间的40%~60%,因此分拣作业的成本、速度和质量直接影响整个配送中心的信誉和生存,提升分拣作业的效率对提高配送中心的作业效率和服务水平具有决定性的影响。

与人工分拣相比,智能化分拣系统优势明显:① 分拣系统能灵活地与其他物流设备实现无缝连接,如自动化仓库、各种存储站、自动集放链、各种运载工具、机器人等;② 提高劳动生产率,降低作业成本,智能化分拣系统平均分拣效率为1万件/时,大约相当于人工分拣的30倍;③ 运行平稳、安全性高,对物品的损坏减少;④ 投放地址准确,降低了物料分类错误的可能性,减少了由于分类错误造成的经济损失和信誉损失;⑤ 组装标准化、模块化,具有系统布局灵活,维护、检修方便等特点;⑥ 快递量迅速增加,采用智能化分拣系统,单个快递的分拣成本大约是人工分拣的1/2。

1.3　物流交叉带式分拣机应用情况及产业化前景

快递企业分拣技术的先进程度直接决定着该企业的服务质量与市场竞争力,运用先进的分拣技术不仅能降低人工分拣成本,还能提高分拣效率、降低分拣差错率。

1)应用情况

(1)美国 UPS 快递分拣技术

美国 UPS 快递是全球最大的快递公司,也是世界上最大的快递承运商与包裹递送公司。2008 年,UPS 全年处理包裹及文件量近40 亿件,每日达到 1 500 万件。每日如此庞大数量的包裹及文件要收发到全球 200 多个国家和地域,如果完全人工分拣作业,需要非常庞大的分拣流水线。但是 UPS 快递很早就注重现代科学技术的运用,采用了许多先进的分拣技术设备,如 VICAMssi2U、Maxicode 二维码等。

(2)邮政 EMS 速递分拣系统

中国邮政速递物流有限公司成立于 2010 年,作为我国快递市场的领军人物,中国邮政速递在现代分拣技术设备的应用方面还比较落后。经过最近几年的发展,只在沿海一带建立了屈指可数的几个大型先进的分拨处理中心,如最新建成的南京处理中心已经承诺全国 56 个城市次日达,如果未送达将退还全额运费。在中西部的很多地区分拨中心还是以人力为主,长长的流水线两旁站着许多分拣人员。

(3)以"四通一达"为主导的民营快递

近年来,我国以"四通一达"为主导的大型民营快递企业的发展势头势不可挡。虽然这些民营快递企业出现了良性竞争,不断降低快递费用、提高服务质量、缩短配送时间,但是他们在先进分拣技术方面应用的很少。在 2012 年"双十一"期间,各大快递企业均出现"爆仓"现象，大批货物被积压十天以上。这主要是因为分拣技术落后，即使是"四通一达"也有很多配送中心完全使用人工分拣，落后的分拣技术、粗暴的人工分拣严重限制了他们的进一步发展。

2）产业化前景

过去几年我国规模以上快递业务量年均增速达到 56%，未来几年这种高增长仍将持续。假设到 2024 年快递量年均增速为 30%，据初步预测，当自动化分拣系统普及率达到 100% 时，分拣系统市场规模能够达到 800 亿～1600 亿元，同时能够带来耗材维保市场 400 亿～800 亿规模。即使普及率为 50%，仅快递行业分拣系统市场规模也将达到 500 亿元（设备＋耗材维保年均 50 亿～100 亿元市场规模）。目前，自动化分拣系统已经成为发达国家大中型物流中心不可缺少的一部分；我国快递业的转运分拨环节才刚实现半自动化，快递能够实现在传送带上的自动运输，但识别和分拣仍然需要人工。自动化分拣系统在我国快递行业的应用刚刚起步，根据调研，目前仅有顺丰和 EMS 两家快递公司在批量应用自动分拣系统，"四通一达"等其他巨头的自动化渗透率几乎为零。对于快递行业来说，通过智能化、自动化水平的改造来提升效率变得日益重要。因此未来几年的快递资产证券化大潮大概率将启动自动分拣系统"从零到一"的跨越，作为设备供应商，先进入并具有技术优势的企业能够最大程度分享行业高增长红利。

本书研究的内容针对智能物流交叉带分拣系统，其结构设计和理论算法在物流行业内均具有一定的先进性。特别是分拣部分及自动包装部分的研究均有巨大的推广领域和市场前景。

本研究将物流的传统人工分拣进行改进，实现包裹信息扫描、小车定位检测、数据库管理、自动格口控制，使得包裹能实现自动分拣和自动装包，改进现有的分拣方法，提高效率、减小分拣错误率。包裹自动分拣系统市场呈稳步上升趋势，由于产业升级换代的需要，十年内的市场需求量非常巨大，辅以合理的价格和优良的性能，将能在国内市场上抢占不小的市场份额，必将产生良好的经济效益。

第2章　交叉带分拣系统结构及总体设计

　　随着电商业务高速发展,传统人力作业逐渐被各种自动化设备所取代。其中,交叉带分拣设备以其每小时 2 万件的超高分拣效率,以及高达 99.9% 以上的准确率,在订单合流环节及包裹分拣环节被广泛应用。如何最大化利用交叉带分拣机,节省人力成本、提高管理效率和提升服务质量,本书研究的物流交叉带式自动分拣系统主要实现包裹信息扫描、小车定位检测、数据库管理、自动装包控制,使得包裹能实现自动分拣和自动装包,改进现有快递公司二级站点人工分拣方法,提高效率、减小分拣错误率,为物流分拣行业长期持续发展提供研究基础。

2.1　物流交叉带分拣机系统构成

　　交叉带式分拣机(Carbel sorting system)在物流领域正逐渐被推广应用,该系统包括上包、分拣、下包及管控,它们之间通过现场总线模式进行信息的交互。交叉带分拣机总体结构如图 2-1 所示。在上位计算机系统的总体控制之下,系统将包裹从上包台精确送入环线上的指定的小车,在小车上,配置一个小型传送带,当小车通过环线驱动装置运动到目标格口时,上位计算机对该小车传送带进行控制转动,包裹准确进入落包格口。当分拣格口满后,进行自动装包操作,完成最终的分拣。

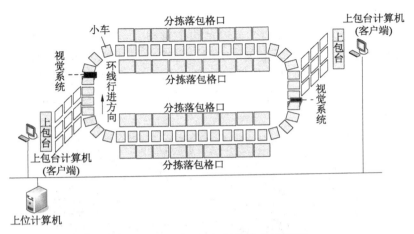

图 2-1　交叉带分拣机总体结构示意图

交叉带式分拣机结构组成如下。

1）供包装置

供包装置，即爬坡皮带机，如图 2-2 所示，等待分拣的包裹放至供包装置收集处，要求爬坡皮带机有足够的动力和承载强度。皮带通过两个带轮和两个滚筒张紧传动，动力由电机通过齿轮、链条传递给上滚筒。由于皮带较长，下面装有挡板。输送带装置的所有的力直接压在底部支架片上，输送带采用张紧装置，给输送带提供调整支撑力。

图 2-2　供包装置

2）上包台

上包台分半自动分拣上包台和全自动上包台,每个上包台都是由皮带机组成,三级上包台主要分为编码段、同步等待段和加速加载段。上包台的尺寸根据包裹的大小设计,同时要求满足上包效率、上包流畅性、上包准确性等参数指标。三级上包台的结构如图2-3所示。

图2-3　三级上包台

3）主机

主机即环线系统,如图2-4所示,该运载系统用于承接由上包台供给的包裹,并将包裹送往预先设定的格口滑槽。带有包裹的小车在到达预定的格口时,小车电机触发小车皮带运转,使包裹平稳滑入格口滑槽中。环形圈小车之间在结构上采用"拖车万向球绞"的方式互相搭扣,采用行走轮滚动,定向轮定位布置,使小车在高速水平转弯时既平稳又转动自如,同时从结构上解决了分拣机在大载荷情况下的承载倾翻不可靠、不平稳等问题。

图2-4　环线系统

环形圈小车主要由车架总成、支架总成等组成,如图2-5所示。

小车车架由铝合金铸模而成,其他主要部件为特殊铝合金型材焊接而成,因此小车既轻又坚固。小车车架上装有两个可摆动一定角度的垂直行走轮和两个水平限位轮,如图 2-6 所示。取数个小车为一组,在其中的一个小车上装一组控制器,控制器从滑触线上取电和通信信号,以控制该组小车的功能,小车之间通过万向球绞连接构成小车的运载系统。图 2-7 为交叉带分拣机取电滑触线结构示意图。

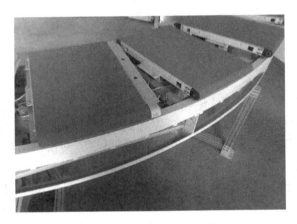

图 2-5　交叉带分拣机小车

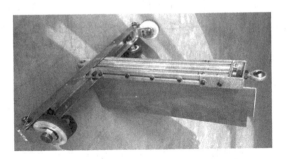

图 2-6　小车限位轮及直线电机次级行走架

图 2-7　小车取电滑触线

4）分拣格口

通过分拣机分拣的包裹，按照包裹上相应的条形码信息，最终到达相应的格口。包裹条码携带包裹邮寄的地址信息，每个格口对应一个地址信息，当包裹条码扫描后与相应的格口信息匹配时，主机系统计算扫描完成点到格口的距离，控制小车运行距离，使得小车到达相应格口时将包裹滑入对应格口。根据需求的不同，格口分为有动力格口和无动力格口，在格口底部装有挡板，防止包裹滑落。格口滑槽的设计满足包裹从小车上滑落的速度和方向要求，防止包裹在滑落过程中撞击破损。图 2-8 为交叉带分拣机格口结构示意图。

图 2-8　分拣机格口结构示意图

2.2　物流交叉带分拣机的控制系统

物流交叉带分拣机控制系统由以下 4 个部分组成：

1）分拣控制系统

分拣控制系统由各种工业计算机组成。其中主要部分为数据交换机、本地数据库服务器、快递公司服务器和主控制计算机。快递公司服务器用于接收来自快递公司的包裹信息。包裹信息包括条形码、原寄站点、寄达站点等信息，分拣机根据这些信息对包裹进行分拣。本地数据服务器用于存储快递公司服务器的数据信息和已被分拣的包裹信息等，主控制计算机则用于控制整个分拣机的运行。

2）上包系统

三级上包台主体结构由三段皮带机组成。上包台与环形圈成 45°夹角，编码段皮带由直流无刷滚筒电机驱动，同步等待段及加速加载段皮带由伺服电机控制，整个上包台由一台施耐德 M221PLC 作为控制器，控制变频器的启停及调速。启停作用的光电传感器以输入点的方式接在 PLC 上，上包台控制器通过无线 AP 连接在整个控制网络中，通过 MODBUS 总线的通信方式与主控制器进行数据交互。

3）主机环线系统

主机环系统由环形轨道、小车、直线电机、固定式视觉识别系统等组成。小车在直线电机的作用下，运行在环形轨道上，到了对应的格口，小车通过皮带转动把包裹滑落格口。每辆小车都有相应的控制系统，由通信处理器、电机驱动器、直流电机等组成。这些设备通过电刷从安装在环形圈轨道上的滑触线取直流电工作。通信处理器接收上位机的控制信息，通过电机驱动器控制直流电机正反转和转动时间。在环形圈上安装了固定式视觉识别系统，用以读取小车上的包裹条码信息。其他信号检测设备，如同步检测的接近开关和一号小车检测接近开关都安装在环形圈上。

4）格口落包系统

格口落包系统由格口、格口信息显示器和装包控制器组成。格口是用于堆放指定目的地的包裹,格口信息显示器可以显示格口的实时信息,包括是否满格口、包裹的数量等信息,装包控制器用于控制格口的半自动装包操作。

2.3　物流交叉带分拣机分拣包裹流程

快递包裹到达分拣工作区,大袋拆分后通过皮带爬坡传送,从地面传送到上包台的第一级称重扫描台,经过人工扫描获得包裹条码信息的同时完成称重。在扫描枪发出"嘀"的同时,上位计算机接收到该包裹的条码及质量信息,同时启动滚筒电机将包裹推入同步等待段。在上车等待列中,系统设定每次只允许一件包裹在等待。系统通过查询快递公司服务器的数据确定包裹的目的地信息,当系统检测到有空闲小车时,上位计算机通过主控制 PLC 给上包台控制 PLC 一个可选择的小车号。包裹上小车后,小车带着包裹运行至固定式视觉识别系统,确定包裹在小车上的位置,提前调整包裹的位置,以达到最合适的落包位置。小车运行到相应的目的地落包口,在信号控制下驱动小车控制电机将包裹落入相应的格口。

通过测量格口的装包装置的高度,可以检测格口是否已经满格,若包裹要落入的格口已经满格,已经送上小车的包裹将禁止下包,直到该格口再次开放。有些不能识别条码的包裹,需要进行人工补码,然后再次上上包台进行扫描分拣。分拣包裹流程如下:

1）供包装置传送上包

快递大包到达二级分拣中心的分拣区,在指定的拆分区拆分后,将包裹送至爬坡皮带机,等待传送至上包台分拣。爬坡皮带机靠近上包台一侧设置有一对光电传感器,用来检测送上来的包裹是否造成堆积,如果造成堆积,皮带机停止运行,直到传感器检测不到包裹,才继续运行送包。

2）人工上包扫描台（扫描称重段）

在扫描台上扫描包裹条形码及质量信息，同时测量包裹的高度，得出包裹要到的格口信息，以及能否在这次传送中进入格口（可能会因包件体积过大或已经满格而不能进入格口）。包裹能否准确与环线速度匹配，上包台上包起着关键的作用。为获得包裹条形码及质量信息，一般采用手工扫码，才能保证包裹准确传送至小车，落入对应的目的地格口。包裹的上包分拣分为三部分：扫描称重段、同步等待段及加速加载段。各段的速度是逐渐增加的，每段皮带都配备一个控制电机和一对光电传感器，用来检测包裹的到达和离开，为皮带机变速运动提供控制信号。包裹从爬坡皮带机传送上来后，进入扫描称重段，当包裹扫描称重结束后，滚筒电机平稳运行，该段边缘设置一对光电传感器，用来启停包裹，当同步等待段没有包裹时，电机启动，将包裹送入同步等待段。扫描称重段边缘前面还设置有光幕扫描器，用于测量包裹的长度和宽度，如果是超长超宽包裹，系统直接将包裹送入设置在扫描称重段对面的滑道中，将包裹通过输送带送到人工分拣区域。当包裹离开时，光幕测量所得数据归零，为后面到达的包裹测量做准备。

获得包裹信息后，包裹被送入同步段等待空闲小车的到来。在整个设备运行前，系统给每辆小车标有不同的号码，系统通过定位可以获得每辆小车的位置信息。当小车经过固定式视觉识别系统时，检测小车上是否有包裹。当检测为空时，系统自动选定小车，同时将小车号码和包裹信息进行匹配，将包裹与选定的空闲小车号码绑定，上包台根据控制程序对皮带做出对应的加减速运动，将包裹加速到加载段的速度以便带动包裹能够准确上车。

装载段与环形圈主机呈 45°夹角，同时其速度与主机速度匹配，确保包裹以平稳的状态送上小车。

3）包裹上车

包裹进入同步等待段之后的控制都由主控制计算机控制，包裹上车后小车自动将包裹转至小车的下包格口一侧，以保证包裹能准确顺利地落入相应的落包口的有效位置。

4）包裹位置判断

固定式视觉识别系统扫描包裹的形状,判断包裹在小车上的位置,在下包之前提前调整包裹的位置,以便实现准确下包。

5）包裹进入格口

上位计算机通过扫描段获得的信息,判断该包裹要进入的格口的位置,当包裹到达要进入的格口位置时,控制小车皮带的正反转,将包裹送入相应格口。

2.4　物流交叉带分拣机系统的工作流程

系统工作流程分系统待机流程和分拣操作流程两个部分。

1）系统待机流程

分拣前,先让系统进入待机状态,进行一系列的前期准备工作。系统待机流程图如图 2-9 所示,系统上电后,可以同时进行上位机软件系统和控制系统的运行自检。

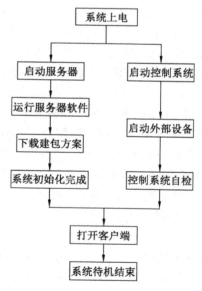

图 2-9　系统待机流程图

上位机软件首先需要运行服务器软件,系统会自动从快递公司中心数据库下载建包方案(此方案主要是定义落包口与快递公司分拣区域匹配),然后对小车状态及数据库进行初始化。完成初始化后,登录客户端,完成上位机的待机运行。控制系统同时进行系统自检,各运动控制系统模块的故障自检;外围扫描系统的自检;外围气泵运行、气罐气压判断等;启动交叉带小车大线,根据系统设定的速度进行 PID 运输,使得大线速度稳定在设定速度。控制系统待机完成。

2）分拣操作流程

待到系统待机完成,系统稳定指示灯亮后,可以进行分拣操作。生产工艺流程图如图 2-10 所示,包裹在上包台进行首次扫描,系统取得包裹条码,从数据服务器中获得包裹的目的地信息;扫描的同时进行称重操作,如果是正常件,则系统根据包裹质量计算出上包运行所需要的运动曲线,保证包裹能根据此运动控制准确到达预定小车。当包裹到达大线后,经过大线扫描系统第二次扫描,此次扫描的目的主要是确认包裹上包的准确性及包裹在小车上的确切位置,判断是否需要调整包裹在小车上的位置。系统在取得以上信息后,判断小车的落包口位置,并提前把包裹定长移动到下车边缘,直到到达落包口后快速准确地把包裹落到装包系统。

根据各个快递公司对装包的质量和体积的要求,系统自动判断是否需要装包,如果判断需要装包,系统发出提示信息,操作员进行自动装包操作。

系统在完成分拣装包后,会再次向快递公司中心数据网络发送分拣装包信息,中心网络得到此次分拣的数据后,分拣完成。

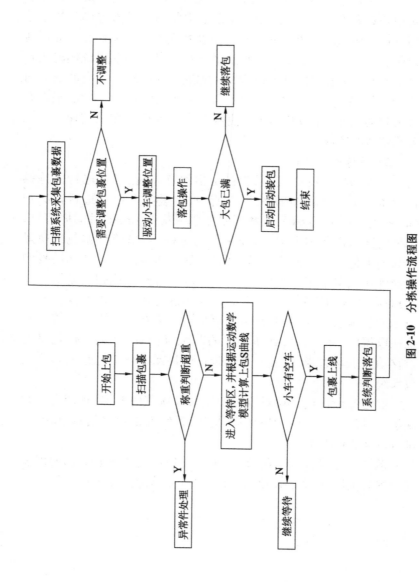

图 2-10　分拣操作流程图

2.5　系统研究内容及解决的关键技术问题

针对物流行业中传统分拣方式工作强度大、效率低、分拣错误率高等缺点,分析各类自动分拣机的功能需求和性能特点,提出一种新型的交叉分拣系统实现策略,围绕交叉带分拣机的关键结构优化设计、稳定性、数据库管理、故障诊断、监控及高速高效运行控制等问题开展研究,具体内容如下:

(1)系统结构优化设计。

(2)交叉分拣机复合传动系统的稳定控制。

(3)交叉分拣机的数据流稳定与实时控制:

① 研究整个系统的网络构架;

② 研究物流分拣点与物流总公司数据中心的交换协议、数据对接和数据库管理,图 2-11 为数据库管理示意图;

③ 研究工业环境下高效、可靠的数据获取方法;

④ 开发基于 DELPHI 环境下的上位机监控软件。

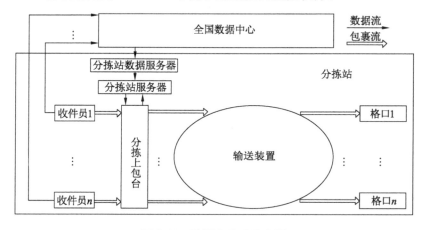

图 2-11　数据库管理示意图

(4)快速落包控制:

① 研究运载小车运动过程中包裹位置的动态调整方法;

② 研究自动落包格口的功能需求和性能特点,设计其关键机械结构;

③ 研发基于气缸控制的集超限报警、包裹整理和落包搬运功能的格口一体化自动控制策略。

(5)上包效率及可靠性控制技术。

2.6 系统研究的主要技术指标

提出一种运行速度快、运行效率高、分拣错误率低的自动分拣机,提高交叉分拣机的性能,研究的主要技术指标如下:

(1)单个包裹重量:0.2~3.5 kg;

(2)每个格口包裹总重量:≤30 kg;

(3)系统运行速度:≥2.2 m/s;

(4)设备噪音:≤70 dB;

(5)节省人力:50%~70%;

(6)分拣错误率:≤0.01%;

(7)分拣包裹速度:1.5万件/小时。

第3章 上包系统

3.1 上包系统总体方案及工作原理

3.1.1 总体方案

1) 供包方式

交叉带分拣机以其效率高、准确率高、破损率低等优势,逐渐代替传统的人工分拣。如何保证交叉带分拣机的每一个小车单元都能够达到最大化利用,主要取决于供包方式的选择及设计。

交叉带分拣机的供包方式主要有三种:自动供包、人工半自动供包和人工供包。

自动供包:自动供包系统由供包控制计算机、多节供包皮带、电机、重量动态秤、光电位置检测开关、光幕和条码阅读器等组成。供包控制计算机通过控制变频器和交流电机使供包皮带转动,把包裹准确送上分拣小车。重量动态称、光电检测开关和光幕等分别在质量和位置上对包件进行测量,采集这些数据以便能使包裹准确上包。一般地,供包台有 3 ~ 7 段皮带,分为导入段、加速段和供包段。加速段的速度逐节增加,供包效率在 2 000 ~ 4 000 包/小时内逐级递增,加速段越多,供包效率越高,相应的投资也会增加。自动供包对前端来货包裹的要求较高,来货包裹的标签面需朝向指定方向(扫描器为顶扫时标签需朝上,五面扫描时标签不能朝下),且来货包裹必须做单件分离。

人工半自动供包:人工半自动供包系统是由自动供包台和人工投放工位台组成的,根据人工投放工位台的形式又分为单工位投放和双工位投放两种方式。单工位投放是指一个自动供包台对应一个人工投放工位,由一名操作人员进行供包投放工作;双工位投放是指一个自动供包台对应两个人工投放工位,由两名操作人员同时进行供包投放工作,供包效率根据人员数量及作业熟练度在1 500~2 500包/小时区间波动。人工半自动供包对前端来货包裹要求较低,可堆叠,无须单件分离,不限制包裹的标签朝向。

人工供包:人工供包是由作业人员将包裹标签面朝上,直接投放至分拣小车的中心位置完成供包。人工供包效率受作业人员操作的快慢程度和线上小车的空闲程度影响,通常单个人员的作业效率为1 400包/小时。由于人工投线,小车运行速度不能过快,速度上限为1.6 m/s,影响分拣机的整体效率。人工供包对前端来货包裹要求较低,可堆叠,无须单件分离,不限制包裹的标签朝向。

从分拣机处理能力、设备投资、人员数量、供包效率、对包裹的要求等方面综合分析,对整体系统作业量要求不是很高,且对设备投资比较敏感的项目适合人工供包;前端来货包裹单件分离情况较理想,对供包效率要求高的项目适合自动供包;前段来货包裹堆叠,且要求分拣机整体效率不降低的项目,可选用人工半自动供包。

2)上包系统结构

在物流交叉带分拣机中,上包系统直接影响整个交叉带分拣机中的性能与效率。同时由于上包系统是交叉带分拣机中进行包裹分拣的第一个环节,控制的准确性直接影响到后面分拣环节的运作。因此,对上包系统的设计是交叉带分拣机系统控制成败的关键。

上包系统包括主控上位机、PLC控制台、传送带和滚筒电机、光电传感装置、条码扫描设备等。其中上位机能对变频装置进行控制,然后让上包皮带进行转动,并将包件转移到环线小车中。而光电检测开关、重量电子秤等,主要的功能是分析包裹的质量和位置,而这些数据的准确采集,是确保这些包裹能够被准确上包的关键。扫描设备主要是对条码进行扫描,然后将读出的结果传递至主控计算机。

　　本书采用物必达智能设备南通有限公司的交叉带分拣机三级上包台作为研究对象,图 3-1 是上包系统总体结构示意图。三级上包台包括扫描称重段、同步等待段、加速加载段。各级根据其控制目的采用不同的驱动装置。扫描级的功能是使系统获取待分拣包裹的信息,包括条码信息、质量信息,这些信息被发送给上包计算机用来判断包裹的落包口。扫描级由滚筒电机驱动。等待级是用来等待小车同步信号的地方,由直流电机驱动。加速级的功能是使包裹加速至与环形圈上小车匹配的速度,因而其对速度的控制精度要求较高,故该级采用伺服电机驱动。

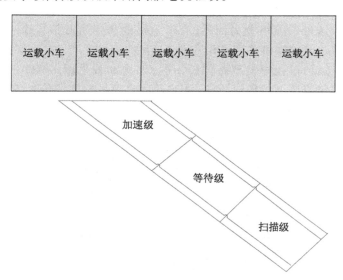

图 3-1　上包系统总体结构示意图

　　通过对三级上包台的分析设计,建立可视化参数化模型,以达到对交叉带分拣机三级上包台的优化设计。根据分拣机上包台的实际应用需要,分析中采用的包裹为长方体,质量小于 3.5 kg,包裹的长、宽、高之和不超过 900 mm。在一定的主机速度要求和整体加速度要求的基础上,利用刚体动力学,将包裹在三级上包台上的运动转化为质点的运动,通过对包裹质点运动的分析,得到上包台各段的尺寸,完成三级上包台的模型设计;分析解决一定上包效率下的分拣机三级上包台的对中问题,即包裹从上包台运动到环线小车上,包裹停留位置与小车中心位置的偏差;设计上包台的尺寸,利用现有技术及建立的上包台参数化模型,在满足不同分拣要求时对建立的模型进行验证测试。

在对现有的交叉带分拣机上包系统进行详细的、全面的分析的基础上,总结出交叉带分拣机上包台的设计经验,利用上包台的普遍设计原理,结合现有试验样机技术,建立一个普遍适用的上包台模型,为上包台的实证调试提供一个平台,在实证调试结果的基础上提出相关的改进方案。

传送带一般可分为两种:有牵引件的传送带和没有牵引件的传送带。试验样机采用有牵引件的传送带(见图3-2)。为了防止包裹在运输过程中出现跑偏的情况,加速加载采用多条窄型传送带运输包裹。上包台包括三段传送带,分别是扫描级传送带、等待级传送带和加速级传送带。

图3-2　上料系统传送带

3.1.2　上包系统工作原理

包裹上包是指包裹经过条码信息扫描,包裹的相关参数会记录并传递至上位机中,这些信息包括包裹的体积、质量、位置、尺寸等。此时,这个包裹会被定位于某一位置处,等候空载小车的驶来。当上位计算机检测到空闲小车,上包台皮带机依据控制程序对每段皮带进行加减速运动,使得包裹速度与环线速度相匹配。此外,上位机还会对小车皮带进行相应的处理,从而让包裹能够准确地落在小车中心处。在运行过程中必须保证包裹的平稳性,同时满足上包效率要求。

　　设计的上包系统具体工作原理为:将包裹转入扫描级传送带,此时该传送带会经过短暂的加速,使之进入匀速状态。然后就由操作人员手拿条形码扫描设备对包裹进行扫描处理。当听到"嘀"的一声,表示各种信息被录入。同时利用电子秤对其质量进行检测,如果它的质量超过了 3.5 kg,那么系统就会给出警告提示,并拒绝该包裹进入本分拣系统,需要将这个超重的包裹取下。只有符合质量要求的包裹才能继续前进进入等待级,到达等待级定位线后等待上包信号。此时系统将会停止等待级与加速级传送带(每次仅允许一个包裹等待)。如果系统检测到有空载小车到来,会给上包台发送小车同步信号,上位机通过延时算法即根据包裹相关数据计算延时时间,并将运算结果发送给上料 PLC;PLC 通过控制程序对等待级传送带延时启动,同时对加速级传送带提前加速,以便将包裹加速至与环线相匹配的速度,使其稳定地进入空载小车中。图 3-3 所示上料系统现场配置图示意图,D1 为滚筒电机,D2 为直流电机,D3 为伺服电机;C1、C2、C3 为对射型光电传感器,C4 为电子秤。扫描级由滚筒电机驱动,电子秤置于扫描级传送带下方,用以称量待分拣包裹质量;等待级由直流电机驱动;加速级由伺服电机驱动。

　　通过对交叉带分拣机的上包流程和控制系统的分析,可以得出在整台分拣系统中,包裹在上包台的上包分拣是整个运行的关键。要使上包顺利完成,必须保证包裹加载时有一稳定速度,才能使包裹定位准确。启动和停止时应无滑动、无倾翻,并且保证包裹离开上包台时已经加速完毕,以获得足够的速度与主机速度匹配。

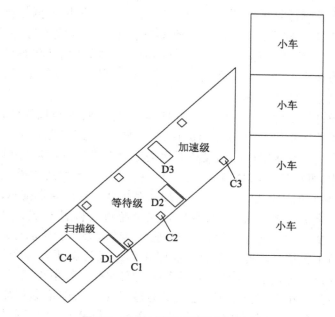

图 3-3　上料系统现场配置示意图

3.2　上包系统的优化

　　本上包台系统的控制系统主要由计算机、条形码阅读器、重量动态秤、三级传送带、变频器、交流电机等组成。在上包控制系统中,首先分别使用条形码阅读器、重量动态秤读取包裹条形码、包裹质量,将包裹信息、包裹质量送至主控制;然后,控制变频器和交流电机使上包皮带转动,将包裹准确送上输送装置。

　　上包控制系统的上包流程为:① 首先,扫描级与等待级电机启动,包裹经过扫描枪扫描后,放入扫描级。② 加速至扫描级带速后,匀速经过电子秤,得到质量。③ 包裹进入等待级后,扫描级与等待级停止运行,包裹减速达到定位线开始等待小车同步信号。④ 得到小车同步信号后,上包 PLC 根据上包台计算机发来的延迟时间控制等待级电机延迟启动,同时上包 PLC 也要控制对加速级的提前启动。

包裹进入加速级后,进一步加速至目标速度,进入小车。

在上包系统的控制策略研究中,常见的提高上包效率的策略有:① 增加上包系统的上包点、小车数量;② 提高上包系统中上包传送带的速度和小车环形圈的运行速度;③ 提高上包的准确性及上包的工作效率。在实际的物流交叉分拣机系统中,考虑到上包系统控制的复杂性和分拣成本,对上包点、小车数量都会控制在一定的范围内,同时传送带速度、小车环形圈运行速度受设计及制造工艺水平的限制,它的提高是有一定的限度的。

在提高上包准确性方面,一方面建立控制策略,找出控制算法,设计最合理的上包台尺寸,使上包台速度与环形圈小车速度相匹配,实现包裹的准确上包。另一方面,通过对超重超规等异常件的处理来进一步提高准确性。在提高上包的效率方面,计算上包等待时间,分析是否满足最高的效率需求。同时分析研究摩擦系数对上包效率的影响。

因此,在本书研究的物流交叉分拣机中,假设上包点个数为 N_p,小车数量为 N_d,小车长度为 d_1,三级传送带的速度分别为 v_1、v_2、v_3,小车环形圈的运行速度为 v_d,提出对上包台的上包效率进行控制策略研究,从而进一步提高物流交叉分拣机系统的分拣效率。

3.2.1　上包台控制流程

上包系统的上包控制流程如图 3-4 所示。从图 3-4 可以看出,上包系统的控制流程大致分为 4 部分:初始过程、扫描过程、等待过程及加速过程。

(1)初始过程:完成系统分拣工作前的一系列准备工作,包括使用射型光电传感器 C1、C2,检测此位置是否有包裹。

(2)扫描过程:主要是采集包裹信息和质量信息,通过 RS-485 总线上传给分拣主机。若包裹超重($\geqslant 3.5$ kg),则系统报警提示工作人员取出超重包裹,否则,包裹继续前行。进入等待级后,PLC 控制等待级与扫描级电机停止,使包裹减速为 0 达到定位线,此处可用射型光电传感器 C2 检测包裹是否到达定位线处。

(3)等待过程:包裹在等待级的定位线处等待小车触发信号。

得到触发信号的这段时间称为延迟时间,数值由上位机控制程序计算得到。

（4）加速过程:当得到触发信号后,启动等待级与扫描级电机,对包裹再加速。进入加速级(可用射型光电传感器 C3 检测)后,进一步加速至预期上包速度,完成系统的上包操作。

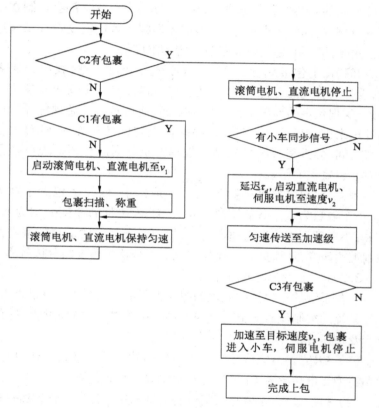

图 3-4 上包控制流程图

从上包系统的上包控制流程可以看出,要进一步提高上包系统的工作效率,主要取决于一个参数。在第一个包裹位于等待级定位线等待空载小车阶段时,得到同步信号后,设位于扫描级的第二个包裹到达定位线的时间为 t_1,第一个包裹完成上包所需的时间

为 t_2,则真正决定上包系统效率的是时间差 $t_2 - t_1$。提高上包系统的效率的关键就是确保第一个包裹发出的同时,第二个包裹到达原第一包裹的位置(定位线),并依次不断地重复。

本设计中,为了满足中通公司广州分公司快递的快速、高效分拣,设计物流交叉分拣机系统的供包装置及上包台两侧各 4 个、小车 120 个(长、宽均为 0.5 m)、格口 136 个。

3.2.2　提高上包准确性的分析

研究包裹的上包准确率及环线和上包台传送速度之间的对应关系。如图 3-5 所示,假设:环线中所有小车都处于空闲态,当小车经过点 X 处设置的空车检测装置时,系统就会给出相应的同步信号,并将该小车的编号传送给上位计算机;在点 Y 处,是环线和上包台各自中心线的交点,也是包裹抵达环线的初始位置;待上包包裹的等待地点则设置在点 Z 处。在设计的样机中,小车的节距是 60 cm,从空车检测点到上包点的小车数设定为 5。此外,S_1 是指包裹到环线上包点之间的上包距离,环线的运行速度为 v_d,假定 $v_d = 2.5$ m/s,包裹上包的速度用 v_3 表示。

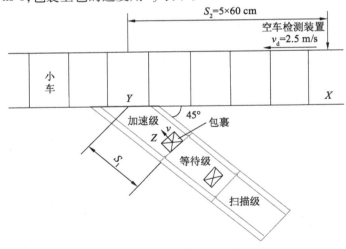

图 3-5　上包情况示意图

为了让包裹能准确到达小车,需要小车从 X 到 Y 的运行时间

$\dfrac{S_2}{v_d}$ 与包裹从 Z 到 Y 的时间及选定小车的响应动作时间 t 之和 $\left(\dfrac{S_1}{v_3} +\right.$

$\left. t\right)$ 相匹配，即：$\dfrac{S_1}{v_3} + t = \dfrac{S_2}{v_d}$，推出 $\dfrac{S_1}{v_3} \leqslant \dfrac{S_2}{v_d}$。

其中 t 表示小车被选择之后，上包台所拥有的调整动作时间。

只要对皮带运转设备的速度和加速度进行调整，使上述算式得以成立，就可以保证包裹的准确上包。

3.2.3 上包系统工作效率的分析

物流分拣机的设计目的就是提高分拣效率，因此，效率是衡量一个物流分拣机智能控制系统的设计好坏的重要指标。而对于物流分拣机而言，上包系统对整机效率的高低起重要作用。

具体而言，上包系统的效率就是其连续上包的能力，即等待级上的包裹 A 得到小车触发信号后进入等待级进行上包，此时扫描级上的另一包裹 B 立即进入加速级到达定位线，如图 3-6 所示。设包裹 B 由静止到进入等待级的时间为 t_1，包裹 A 进入加速级时间为 t_2，上料系统若要连续上包需满足 $t_2 \leqslant t_1$。

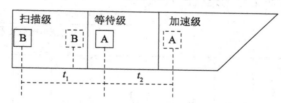

图 3-6　上料系统效率分析示意图

提高分拣机的上包效率就是指包裹上到上包台，经过扫描后，以较短的时间上一个包裹。一台分拣机可以有多个上包台，上包效率分析是建立在单个上包台上的分析，效率的计算是以所有小车都空闲为基础。当上包效率低下时，环形圈上空闲小车太多，浪费了小车资源，同时浪费了主机的控制资源。

3.2.4 物理参数确定

为了简化设计、便于计算，将包裹抽象为一个质点，使用质点模型来分析包裹在传送带上的运动。

1）静摩擦系数及加速度

包裹在传送带运动的过程中，受到自身重力和传送带的静摩擦力。考虑到传送带材质对上包系统的影响，选用包裹与传送带之间的静摩擦系数为 $f = 0.5$ 的材质用作传送带。

若想让包裹在传送带上无滑动，则需要满足条件：加速度 $a < gf$。其中 g 为重力加速度，取 9.8 m/s^2，故计算可得加速度 a 需满足条件 $a < 4.9 \text{ m/s}^2$。包裹在传送带上的运动模型如图 3-7 所示。

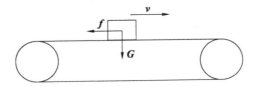

图 3-7　包裹运动模型示意图

2）各级传送带速度的确定

包裹进入上包台之后，首先由静止加速到与扫描级皮带相同的速度，依次通过光电传感器和电子秤之后，包裹进入等待级并在等待级速度减为 0 以等待空载小车到来。得到系统小车的同步信号之后，包裹再逐渐加速至等待级速度，再进入加速级加速以匹配环线的速度。为简化设计，本设计忽略包裹与传送带之间的相对运动并假设包裹在两传送带之间实现平滑过渡。

设三级传送带的速度分别为 v_1、v_2、v_3，上包系统终速为 v_3，设环形圈运行速度 v_d 为 2.5 m/s，上包系统与环线的夹角为 β（本设计中取为 $45°$），它们之间的矢量关系如图 3-8 所示。

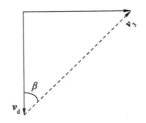

图 3-8　加速级速度矢量图

（1）加速级速度计算

画出系统加速级速度矢量图（见图3-8），则加速级运行速度 v_3 由矢量图关系可求得，即 $v_3 = \dfrac{v_d}{\cos\beta} = \dfrac{2.5}{\cos 45°}$ m/s = 3.57 m/s。

（2）扫描级速度计算

当上包系统启动后，扫描级传送带以速度 v_1 连续稳定运行，在传输包裹的同时也负责测量包裹外形、质量等参数。然后包裹继续以速度 v_1 匀速前行，直到包裹进入等待级皮带为止。包裹进入等待级，开始等待空载小车，此时扫描级传送带也停止运转。为降低系统设计与测量的难度，故选择 $v_1 = \dfrac{v_3}{2} = 1.79$ m/s。

（3）等待级速度计算

在系统主机启动之后，等待级传送带以速度 v_2 匀速运行，为了使包裹平稳地进入等待级传送带，不侧翻或偏移，故选取 $v_2 = v_1 = 1.79$ m/s。当包裹由扫描级传送带送入等待级传送带并到达光电传感器 C2 位置检测处时，系统立刻控制等待级皮带减速停止，此时系统为等待上包状态。当空载小车到达之后，根据包裹所处位置，系统经过一定时间延迟后，开始再次加速到 v_2，从而把包裹送入加速级皮带。之后传送带持续以速度 v_2 运行直到下一个包裹到达传送带光电传感器 C2 位置并开始等待信号为止。根据各段速度及各级传送带的功能可画出上包系统速度图（见图3-9）。

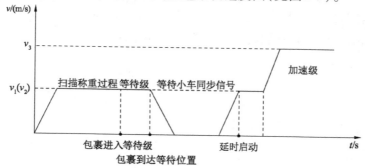

图3-9　上料系统速度图

3.2.5　各级传送带长度的确定

为简化设计,便于计算,将包裹抽象为一个质点。

1)扫描级传送带长度确定

根据包裹尺寸要求,包裹任意三边长相加不超过 900 mm,所以扫描级长度可确定为不小于 450 mm;又因包裹在扫描级从 0 加速到设定速率,根据加速度 $a < 4.9$ m/s^2,实际中要求扫描级每秒走一个包裹,故取 $t = 1$ s,$a = 1.2$ m/s^2。

$$s = 0.5at^2 = 0.5 \times 1.2 \times 1^2 \text{ m} = 0.6 \text{ m} \tag{3-1}$$

由公式(3-1)可计算扫描级传送带长度 $L_1 = 0.6$ m。

2)等待级传送带长度确定

由图 3-6 可知,$t_2 \leqslant t_1$ 又 $v_2 = v_1$,所以等待级长度应小于等于扫描级长度,本设计取等待级传送带长度 $L_2 = 0.6$ m。

3)加速级传送带长度确定

在加速级传送带上,包裹要由等待级传送带速度加速至加速级传送带速度。由式(3-2)可计算得到包裹前行距离。

$$s = 0.5at^2 \tag{3-2}$$

上式中,t 为包裹小车获得同步信号到上包的时间,由图 3-5 可知,$t = 1.2$ s,系统中延时启动的时间与 t 相比可以忽略。由式(3-2)计算 $s = 0.864$ m。加速级传送带长度 $L_3 = 1.5$ m。

3.2.6　等待级延迟时间的确定

为分析系统的延迟时间,首先画出系统的运动过程示意图,如图 3-10 所示。设系统的延迟时间为 t_w。d_1 为小车的长度,d_2 为小车间距。s_1 为包裹在等待级传送带上再次加速到速度 v_2 后剩余的距离。

如果系统成功上包,则由运动时间关系,可得式(3-3)。

$$\frac{s_1}{v_2} + \frac{0.864}{v_3} + t_w = \frac{nd_1 + (n-1)d_2}{v_d} \tag{3-3}$$

式中,n 为空车检测点到上包点的小车个数,v_d 为环形圈运行速度。在本设计中,取 $d_1 = 0.5$ m,$d_2 = 0.1$ m,$n = 5$,$v_2 = 1.79$ m/s,$v_d = 2.5$ m/s。将数值代入式(3-3),则等待级电机的延迟启动时间可由下式求出：

$$t_w = 0.918 - \frac{s_1}{1.79}$$

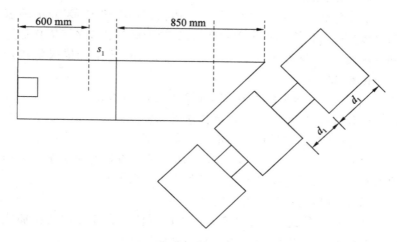

图 3-10　系统运动过程示意图

3.2.7　加速级提前启动时间的确定

由上包系统控制过程可知，传送带速度由 0 加速至 v_2 需要经过一定的时间 t_1，故加速级电机应提前 t_1 启动，以保证包裹到达加速级时加速级传送带转速与等待级一致。

3.2.8　光电传感器检测位置的确定

本设计例中共使用 3 个对射型光电传感器检测包裹的位置，分别用 1 号、2 号、3 号表示，其现场配置如图 3-11 所示。1 号光电传感器的功能是检测包裹进入等待级，以控制等待级电机停止运行，使包裹停止在定位线，故其设置在等待级始端。2 号光电传感器的功能是保证包裹进入加速级时，加速级运行速度与等待级一致，以防包裹侧翻或打滑，由式（3-1）可解出加速级传送带加速至速度 v_2 需要 0.211 s，所以需要在等待级距加速级 0.422 5 m（取 0.45 m）处设置光电传感器。3 号光电传感器设置于加速级末端，用来检测包裹的上包完成状态。

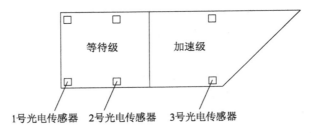

1号光电传感器　2号光电传感器　3号光电传感器

图 3-11　上料系统光电传感器现场设置

3.2.9　提高上包效率的计算

上包效率无疑是分拣机的重要衡量指标,该参数的意义就是在一段时间之内,统计上到环线的包件数。对之前各级上包台的速度及长度的计算,务必要使其达到设定的上包效率,而且上包效率的高低还会对软硬件资源的利用效率带来影响。

由于分拣机本身处于动态运动中,上包台的效率和环线速度有着因果联系。上包台各传送级运行的速度越快,包裹上线的速度就快,对应的效率就会显著提升。但在具体的实测中,其效率还会受到包裹等待小车(前一个包裹被发送,到后一个包裹被发送,这中间的等待时间)的影响,当然,这个效率还会和其他因素有关系,其中等待的因素影响较大。当前一个包裹进入等待状态时,空车检测模块就会检测出相应的空车信号,上位计算机就会为该包裹选定相应的小车号码,而该包裹就会得到一个延迟,进而让空闲小车和这个包裹形成对应关系,产生相应的同步信号,同时能够让后面的一个包裹依次上包,循环运行。

前后两个包裹启动时间之间的间隔,也就是等待时间的长短,会对上包系统效率产生影响。

1)上包效率的计算

上包,理论上从检测到同步信号到包裹上环线需要 1.2 s,见图 3-5,$\frac{S_2}{v_d} = 1.2$ s。设一个上包台理论上能上的最大包件数为 $E'_{\max}$。

$$E'_{\max} = \frac{3\ 600}{1.2} = 3\ 000\ 件/小时$$

实际中若设置了 8 个上包台,所以整个分拣机的上包效率为
$$E = n \times E'_{max} = 8 \times 3\,000 = 24\,000 \text{ 件/小时}$$
其中,n 为上包台数。

2）摩擦系数对上包效率的影响

包裹与皮带的摩擦包括包裹与各级上包传送带的摩擦和包裹与环形圈小车皮带的摩擦,这将影响上包效率。下面通过一些计算进行分析,如图 3-12 所示。

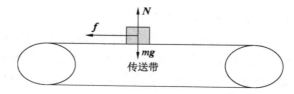

图 3-12　摩擦力分析示意图

从检测位置等待空车到整个上包结束的过程中,应该确保包裹与皮带相对静止,此时包裹是否会产生相对滑动主要取决于皮带的加速度 a 和摩擦系数 μ。当 $a < \mu g$ 时,包裹在传送带上保持相对静止。当 $a > \mu g$ 时,包裹与皮带就会发生相对滑动。

这里分析当 $a > \mu g$,产生相对滑动的情况。对摩擦系数作出假定,计算当 μ 分别为 0.3 和 0.5 的情况,分别由包裹 1 和包裹 2 进行计算分析。取加速度 $a = 1.2$ m/s^2,包裹过光电检测开关后未停止前的速度为 $v = 1$ m/s,停止后包裹再次启动达到平稳速度 $v' = 1.5$ m/s。

根据公式 $F = ma = \mu mg$,推出 $a = \mu g$。

包裹过光电传感器后到停止的滑行距离进行为

包裹 1 的滑行距离 S_1:
$$S_1 = \frac{v^2}{2\mu g} = \frac{1}{2 \times 0.3 \times 9.8} = 0.170 \text{ m}$$

包裹 2 的滑行距离 S_2:
$$S_2 = \frac{v^2}{2\mu g} = \frac{1}{2 \times 0.5 \times 9.8} = 0.102 \text{ m}$$

$$S_1 - S_2 = 0.068 \text{ m}$$

由此可知,摩擦系数小的包裹,滑行的距离较远。

包裹停止后重新启动的滑行距离为:

包裹 1:

$$S_1' = \frac{1}{2}at^2 = \frac{1}{2}\mu g \left(\frac{v'}{\mu g}\right)^2 = \frac{1}{2} \times 0.3 \times 9.8 \times \left(\frac{1.5}{0.3 \times 9.8}\right)^2 = 0.383 \text{ m}$$

包裹 2:

$$S_2' = v't' + \frac{1}{2}at^2$$

$$= 1.5 \times \left(\frac{1.5}{0.3 \times 9.8} - \frac{1.5}{0.5 \times 9.8}\right) + \frac{1}{2} \times 0.5 \times 9.8 \times \left(\frac{1.5}{0.5 \times 9.8}\right)^2$$

$$= 0.536 \text{ m}$$

$$S_y - S_x = 0.153 \text{ m}$$

由此可知,摩擦系数小的包裹落后摩擦系数大的包裹一段距离。对比两段过程,摩擦系数小的包裹滑行距离小于落后距离。由此综合可知,在 $a > \mu g$ 时,摩擦系数越大,运行距离越远,所以上包效率越高。为了提高上包效率,我们可以合理选择皮带的材质。此外当摩擦系数一定时,可以改变其加速度,提高上包系统效率。

3.3　异常件对上包准确性的影响

在上包过程中,包裹的形状、质量也会在一定程度上影响上包的准确性。之前的计算分析都是假设包裹的质量和外形在设定的范围内,但是在实际运行中,包裹过长、过高或过重都将导致不合格包裹进入环线小车,包裹超重不符合快递公司的装包要求,包裹大小超过规定就不能准确下落至指定的格口。另外,有时可能会出现一些圆形的包裹,在运行过程中四处滚动,进而影响前后包裹的正常运行,这显然是不允许的。也就是说,上述出现的各种状况,都将使上包出现异常,无法达到准确上包的目的。针对这种情况,实际使用中需要对异常包裹进行剔除。设计采用的剔除异常包裹的方法主要有以下两种。

3.3.1　人工剔除

在该方法中,包裹在上包台的扫描级完成扫描称重后,如果包裹质量和规格正常,包裹将立刻进入上包台上到环线的小车上,如果包裹超重或者周长超过规定,人工将包裹从扫描称重小车的前方手动推出到超重、超规包裹的落料斗,再由传输带传送到固定的位置进行处理。但在实际运行过程中,由于上包速度快,长时间的操作使工人的扫描动作机械化,往往不管包裹的种类而直接扫描,导致有大量的超重、超规包裹直接进入上包台的等待级小车,进而快速上到环线的小车上,完成落包。但这样的包裹可能因为质量超过规定而不能装入快递的大包中,只能在下包口位置再剔除,增加了劳动强度,也提高了分拣的错误率;如果是包裹边长超过规定,包裹可能没法准确上到环线的小车,即便上去也可能因边长超过规定而占用 2 个小车,导致系统不能准确判断,可能会再次将包裹上到占用的小车上,从而产生误动作。所以该方法不可靠。

3.3.2　自动剔除

该方法针对上包台手动扫码、称重的交叉带分拣出现的以上情况,设计了新的上包台超重、超规包裹的自动分拣方法。在上包台扫描称重小车工位的前、后、左、右分别设置四对对射型光电传感器对包裹的尺寸进行检测,利用已有的称重装置检测包裹的质量,通过计算分析包裹位置判断包裹的大小,结合包裹质量以确定其能否进入环线小车,提前进行剔除分拣。对射型光电传感器的安装如图 3-13 所示。该方法可靠性高,成本低,既提高了分拣的准确性,也提高了分拣的速度。

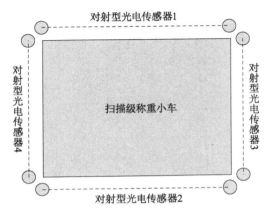

图 3-13　光电传感器安装图

具体控制操作流程如下：

（1）对于超重包裹：在上包台扫描称重工位设置有专门的称重装置，该称重装置和上位计算机连接，将包裹的质量信息上传至计算机进行判断处理，如果包裹质量符合规定，则扫码结束后包裹正常传送到环线小车进行分拣处理；如果包裹质量超过快递公司的要求，则计算机发命令给下位 PLC，扫码结束后扫描称重工位不启动，同时进行声光报警，以提示操作人员注意；这里设计一个安装在扫描称重工位内侧的气动控制的扫包板，可以将包裹从小车上推出，落入该工位外侧的超重超规下料斗，然后由传输带将包裹送到指定地方进行处理。

（2）对于超规包裹：在扫描称重工位的四边外侧相应高度安装 4 对对射型光电传感器，用于检测包裹的大小尺寸，光电传感器的信号输入 PLC 控制器，由 PLC 进行大小尺寸的判断，如果包裹大小超过规定，则将该信息送到上位计算机，扫码结束后 PLC 控制扫描称重工位不启动，同时进行声光报警，以提示操作人员注意；此时安装在扫描称重工位内侧的气动控制的扫包板启动，将包裹从小车上推出，落入该工位外侧的超重超规下料斗，然后由传输带将包裹送到指定地方进行处理。扫包板装置设计如图 3-14 所示。

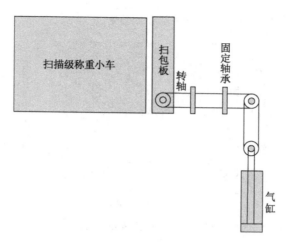

图 3-14　气动扫包板装置设计示意图

3.4　上包系统硬件设计

3.4.1　硬件框图

在上包系统中,扫描枪和电子秤把采集到的信息通过上位计算机传送到上包台 PLC 中,进而控制扫描称重段的滚筒电机、同步等待段的直流电机、加速加载段的伺服电机,实现包裹传送。在加速加载段的末端(上包口)装有一对光电传感器来监测包裹的当前位置,靠近操作端设置启停按钮来控制系统的启停,控制柜中设置有熔断器和断路器实现对电路的保护。上包系统自动控制硬件框图如图 3-15 所示。

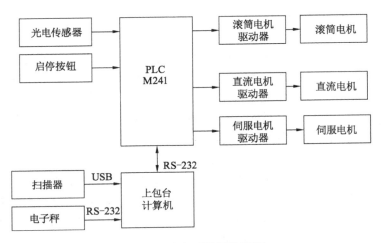

图 3-15　上包系统硬件框图

为使上包台系统能以较高的效率将包裹送入小车,本系统设计选用施耐德 PLC(具体型号是 TM221CE16R)。需要配备的模块是 TM3AQ4 模拟量输出模块。上包系统的拓扑结构如图 3-16 所示。光电传感器作为位置检测器件直接与上包 PLC 相连。上包 PLC 通过 RS-232 串口与上包台计算机通信,通过 RS-485 串口控制各级传送带电机。

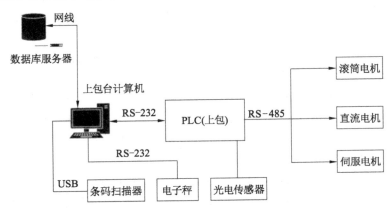

图 3-16　上包系统通信拓扑图

3.4.2 硬件选型

1）PLC 选型

在设计 PLC 系统时，首先要明确控制方案，然后再进行相关的硬件的选型。系统元器件的选型需要紧密结合相关工艺和流程特点。其中 PLC 和相关设备本身要具有集成性，应按照和工控系统构成一个整体且有助于功能扩展的原则进行选型，PLC 在工控领域有着广泛的应用，可靠性高。PLC 系统的软硬件配置，以及装置的规模和控制，都需要和具体的工业实际相适应。在选型时，需要对具体的工艺要求进行严谨的分析，明确其相应的任务范围及相应的控制动作等，按照控制系统的要求测算出输入、输出的点数及所需的储存容量，确定 PLC 功用、外设部件属性等。筛选与实际控制需要相匹配的 PLC 控制系统。

西门子公司的 PLC 产品优势在模拟量的输出和读取上，可以更好地应用在对精度要求高的领域，而且它的通信能力、扩展功能及适用性更为强大。此外，它还使用了子程序编写法，使指令变得更容易辨识。然而其整体的成本相对较高，而且指令集的抽象性较高，学习的难度也较大。

三菱 PLC 是三菱电机主力产品，它的主要型号为 FR-FX1N 和 FR-FX2N，这种 PLC 系统在离散和运动控制领域性能较佳，而且指令集丰富。另外，利用该系统来控制模拟量，程序实现复杂性显著提升。

施耐德 PLC 指令整体相对简单，器件成本相对较低，对模拟量的控制简单方便，通信功能具有一定的优势。

综合分析诸多因素，本上包系统最终选用施耐德 PLC 控制系统，型号为 TM221CE16R。这是施耐德开发的新一代 Modicon 可编程控制装置，其 PLC 指令丰富，系统具有较高的稳定性。图 3-17 所示为 TM221CE16R PLC 和扩展模块 TM3AQ4，输入、输出共有 16 个点，其中数字量的输入为 9 点，高速和基本速度的数字录入，分别是 4 和 5，而数字量的输出，则是 7 点，另外还有 2 路模拟量输入。硬件支持以太网，同时也能够支持 USB 端口程序编写，是一种嵌入式网络服务装置,而且该 PLC 产品的整体抗干扰能力较强,控制功能比较完善。

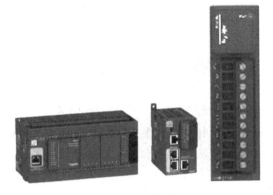

图 3-17　施耐德 TM221CE16R 及 TM3AQ4

2）条形码扫描器的选型

手持式条形码扫描器（又称扫描枪）,是一种外部输入装置,其作用是阅读指定位置的条形码信息。其工作原理:从光源发出的光照射到条形码上,在有条形码的地方光被吸收,无条形码的地方光被反射回来,反射回的光照射到光电转换器上;光电转换器将该光信号转换为电信号,然后把该电信号送入译码器,译码器将该模拟信号转换为能够被计算机直接处理的数字信号。

目前常见的商业用扫描枪有 CCD 扫描器、全角度激光扫描器和激光手持式条码扫描器三种。第一种是基于光电耦合原理对条形码进行成像,从而获得电信号并输出。其主要优势为:成本较低且可长期使用。第二种与另外两种的主要区别是它不止发出一条激光,可达到减轻录入条码劳动量的目的。第三种是一种单线式扫描器,其光源是激光二极管。手持式条码扫描器的接口主要有以下三种:小型计算机标准接口（SCSI）,增强型并行接口（EPP）,通用串行总线接口（USB）。本系统选激光手持式条码扫描器（USB接口）,其外形如图 3-18 所示。

图 3-18　激光手持式条码扫描器

条码识别主要是由相关的条码符号进行设计,然后通过识别,进而实现数据的交流。这种技术的优势体现在:① 录入速度快,相对于键盘录入而言,扫码的速度可以提升 5 倍,能够实现即时性输入。② 可靠性更高。应用键盘录入,其出错率为 1/300,如果引入光学识别技术,出错率则能够降低到万分之一,而应用条码识别技术,出错率则进一步下降,达到百万分之一。③ 采集的信息体量可以更大。这可以使用传统的一维条码,在同一时间里同时采集十几位的数据,而二维码能够涵盖的字符目前已经达到数千字符,另外它的容错率也相对较高,错误率高达六百分之一。

3)电子秤的选型

为了能够更加准确地称重,并且给出直观的显示,降低人为误差,本系统采用电子秤的方式来实现。

电子秤的工作原理:把质量未知的待测物体放置在电子秤上,待测物体的自重作用于电子秤内部的压力传感器,使其发生弹性形变,该压力的变化经过压力传感器的内部处理之后,转化为一个对应的模拟信号变化并输出。这个变化的模拟信号被送至放大电路处理后输出到 A/D 转换器,转换为数字信号。该数字信号被输出到 CPU 进行运算控制,之后 CPU 将运算结果传输给 LED 驱动,经过驱动后在显示器上显示最终结果。

电子秤的测量信号传输方式有以下 6 种:RS-232/RS-485 传输,射频(RF2.4G)传输,模拟讯号(Analog)传输,蓝牙(Bluetooth)传输,USB 接口传输,以太网络传输。

　　本系统中应先将电子秤置于扫描级传送带下方,并得到一定质量显示。对电子秤进行调零操作,则此时包裹经过扫描级传送带得到的数字显示即为包裹的质量。由于本系统设计需将电子秤置于扫描级传送带下方,故要求电子秤的测量范围大,同时控制系统分拣小于 3.5 kg 的包裹;本系统设计要求控制系统的测量误差不超过 10 g,所以可以使用 III 级精度电子秤,中精度天平,选用 RS-232串口传输方式。

　　4)传感器的选型

　　传感器本身就是一种检测部件,它可以获取被检测到的信息,而且按照相关的规律,将其转换成电信号或者其他类型的信息进行输出,从而满足相关的信息存储、显示和记录等要求。通常它的构成包括敏感和转换两种元器件。

　　光电检测的精度较高,具有非接触属性,能够检测更多的参数,传感装置的结构相对简单,而且它的体量也相对较小。在本系统设计中,使用光电传感装置,主要是基于光电反应,将光信号转换成电信号,进而检测是否存在包裹穿过相应的探测区。选择的光电传感器型号为 XUVH0312 和 XUVJ0312,具体参见图 3-19。

图 3-19　对射式光电传感器

5）电机选型

（1）扫描级电机选型

该段选择滚筒电机（见图 3-20），电机功率为 0.75 kW。滚筒电机通常用作驱动传送带的动力装置。滚筒电机具有良好的性能，工作安全，并且安装修护方便。

图 3-20　滚筒电机

（2）等待级电机选型

该段选择直流电机，电机功率为 1.1 kW。直流电机是一种电力装置，其功能是将直流电转化为机械能。该段选择的直流电机型号为 SNH86DMW55（配备电机驱动器，型号为 SNHMWQD2206AC），如图 3-21 所示。本系统设计通过 PLC 来实现对直流（等待级）电机的控制，以达到驱动等待级传送带向前运动的目的。

图 3-21　无刷直流电机 SNH86DMW55（电机驱动器 SNHMWQD2206AC）

（3）加速级电机选型

该级传送带选用伺服电机，电机功率为 1.1 kW。伺服电机对转速和位置的控制可以达到相当高的控制精度，故其通常作为执行机构用于高精度自动控制场合。本系统设计中，对加速级传送带的速度控制要求必须精确，以便把包裹准确送入小车，故而该段选择施耐德 BCH 伺服电机，搭配伺服驱动器，型号为 Lexium 23 Plus，如图 3-22 和图 3-23 所示。施耐德 BCH 伺服电机是三相同步电机，其配备的编码器精度可达到 20 位分辨率。

图 3-22　BCH 伺服电机

图 3-23　Lexium 23 Plus 伺服驱动器

3.4.3　I/O 分配表

I/O 实际上就是输入和输出的端口，根据项目实际需求，本物流交叉带分拣机系统设置 8 个上包口，而且每个上包口在理论上需要 8 个输入点,另外还有 8 个输出端口。其 I/O 口的输入点分配:1 个启动输入点,1 个用于发生故障时进行警报处理的报警输入点,2 个用于检测等待级和加速级是否有包裹的位置检测输入点,数字量输入点 2 个,还有后续用于异常件检测的 4 个输入点。输出点分配:用来接驱动电机运转的 3 个继电装置输出点,用于控制各个电机转动速度的 3 个速度控制模拟量输出点,警报解除输出点 1 个,结束输出点 1 个。表 3-1 为该控制系统的 I/O 地址分配表。

表 3-1 I/O 地址分配表

输入		输出	
地址	功能	地址	功能
% I0.0	开始	% Q0.0	直流电机运行
% I1.0	上包完成	% Q0.1	伺服使能
% I1.1	等待加速	% Q0.3	滚筒电机运行
% I1.2	等待前进	% Q0.2	警报解除
% I1.3	伺服报警	% QW1.0	直流电机速度控制
% I1.4	同步信号	% QW1.1	伺服电机速度控制
% I2.0	异常检测	% QW1.2	滚筒电机速度控制
% I2.1	异常检测	% QW2.0	结束
% I2.2	异常检测		
% I2.3	异常检测		

3.4.4 上包系统 PLC 外部接线图

本系统设计使用施耐德 TM221CE16R PLC 控制系统,它的交流电输入部分为 100～240 V,而直流电则是 24 V。本次设计,PLC 输入点位于上方,下方是输出点,系统中设计了 1 个伺服报警故障输入点,以及上包完成、等待前进、等待加速 3 个继电装置输入点,还有中间继电装置,总共 3 个输出点,另外,还有 1 个用于警报的输出点等,具体接线图如图 3-24 所示。

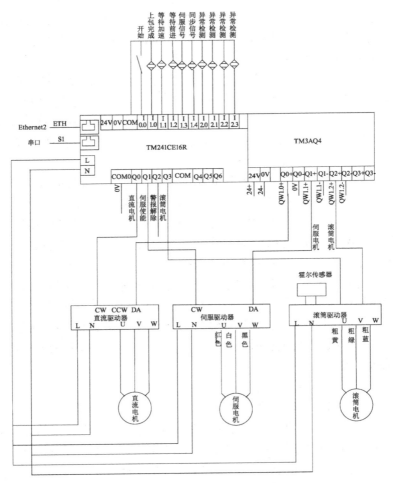

图 3-24　PLC 外部接线图

3.5　上包系统的软件设计

3.5.1　编程软件介绍

2014 年 6 月中旬,施耐德公布了最新基于它旗下产品的开发平台,也就是 SoMachine V4 这款软件,它内置了可支持复杂控制装置的应用模块,即 V4.1 版,同时也有基础版,可以支持简单的工控自动化编程。本次设计使用的是 M241 PLC,因此整体的控制相对复杂,所以应用 V4.1 版进行程序设计,主要能支持 LD、FBD 等,而针对 ST\CFC\SFC 等的应用,则主要是通过相关的附加语言包来支持。在编写顺序流程时可以使用 SFC;如果是设计逻辑控制可以使用 LD;如果要编写功能模块可以使用 CFC 或者 FBD。在这里,LD 是梯形图语言,FBD 是功能块语言,ST 是结构化语言,CFC 是连续功能图语言。

3.5.2　软件设计思想

程序主要分成四个部分,包括初始化、扫描、等待及加速。

初始化程序:负责一些有关分拣的前期准备工作。

扫描程序:重点实现对包裹质量、位置等数据的采集,然后利用 RS-485 总线,将相关的参数值传递至分拣总机,如果包裹大于或等于 3.5 kg,那么该系统需要进行报警。

等待级程序:PLC 对扫描级及等待级的电机进行控制,当包裹触及定位传感器后运行速度达到 0,等待上位机的信号再次触发小车,启动相关的等待级和扫描级的电机,并对包裹进行二次加速。

加速级程序:负责将该包裹的速度提升到与环线匹配的速度,从而实现上包。

3.5.3　各部分程序流程图

（1）初始过程程序流程图

启动分拣主机,然后检测环形圈系统是否达到设定的速度。随后检测空载小车的位置,并启动上包台。上包台进行自检,确定正常运行后系统待机。初始过程如图 3-25 所示。

（2）扫描过程程序流程图

扫描过程如图 3-26 所示,包裹进入上包台后,首先由条码扫描器负责采集物件的物理信息,并确定各项参数,同时将获得信息上传给上包控制计算机。上包控制计算机由所获得信息判断确定包裹下包位置。电子秤负责自动测量物件质量并将数据经由串口传送给 PC 机。获得以上参数之后,系统将包裹送入等待级。若包裹的重量超过 3.5 kg,则不上包,系统报警并由人工取走超重包裹。

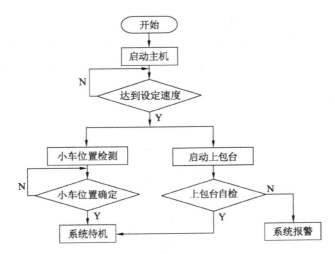

图 3-25　初始过程程序流程图

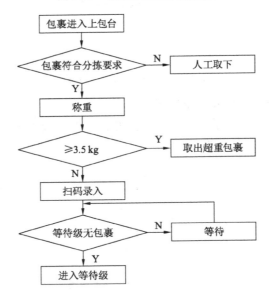

图 3-26　扫描过程程序流程图

（3）等待过程程序流程图

等待级流程如图 3-27 所示,物件在扫描级完成信息采集后前移到等待级传送带,减速为 0 到达定位线。小车 PLC 将位置信息发送给 PC 机。得到小车同步信号后,计算机依据延时算法计算延时时间对等待级传送带延时启动。包裹再次加速至速度 v_2 并进入加速级。

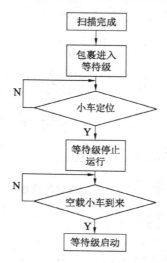

图 3-27 等待级程序流程图

(4)加速过程程序流程图

空载小车到达指定位置后,包裹进入加速级加速上包到主机对应的小车,如图 3-28 所示。

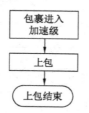

图 3-28 加速级程序流程图

3.5.4 程序分析

(1)扫描级程序

扫描包裹信号,扫描完成,触发扫描级电机运行。扫描级电机运行前,判断等待级有无包裹,若有,继续等待;若无包裹,运行电机。图 3-29 为扫描级程序梯形图。

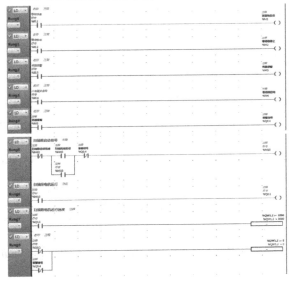

图 3-29　扫描级程序梯形图

（2）等待级程序

等待级无包裹,扫描级输送包裹至等待级。加速级有包裹,则在等待级等待;加速级无包裹,继续输送到加速级。图 3-30 为等待级程序梯形图。

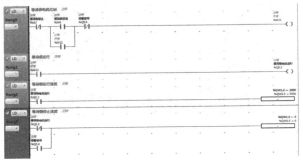

图 3-30　等待级程序梯形图

（3）加速级程序

此时,若加速级无包裹,由等待级输送包裹到加速级,同时等待加速上包。图 3-31 为加速级程序梯形图。

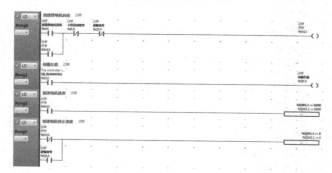

图 3-31　加速级程序梯形图

3.5.5　程序调试

本设计使用施耐德 SoMachine Basic 编程软件,SoMachine Basic 软件界面设计新颖,上手容易,有利于缩短用户的项目开发周期,同时软件导航简单直观。

（1）双击 SoMachine Basic 图标进入编程软件,界面如图 3-32 所示。

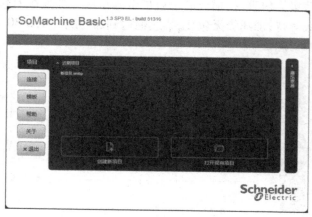

图 3-32　SoMachine Basic 编程软件的界面

（2）单击"创建新项目"，在打开的新窗口单击"配置"，开始选择项目中要用到的硬件（包括选择 PLC，选择扩展模块，以及对所选的硬件中的各种参数进行设置）。本设计选择右侧"M221 Logic Controllers"中的"TM221C16R"和"TM3 Analog I/O Modules"中的"TM3AQ4/G"，如图 3-33 所示。

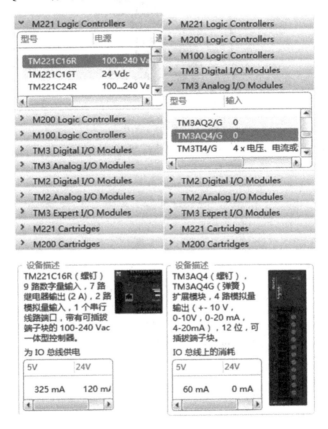

图 3-33　选择元器件

（3）将所选好的硬件拖拽到窗口中央位置，放置好后如图 3-34 所示。

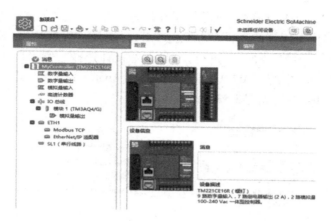

图 3-34　配置元器件

（4）对 PLC 的“数字量输入”与“数字量输出”进行设置，设置好后如图 3-35，图 3-36 所示。

数字量输入

已使用	地址	符号	使用者	滤波	锁存	运行/停止	事件
☑	%I0.0		过滤, 用户逻辑	3 毫秒	☐	☐	未使用
☑	%I0.1		过滤, 用户逻辑	3 毫秒	☐	☐	未使用
☑	%I0.2		过滤, 用户逻辑	3 毫秒	☐	☐	未使用
☑	%I0.3		过滤, 用户逻辑	3 毫秒	☐	☐	未使用
☐	%I0.4		过滤	3 毫秒	☐	☐	未使用
☐	%I0.5		过滤	3 毫秒	☐	☐	未使用
☐	%I0.6		过滤	3 毫秒	☐	☐	未使用
☐	%I0.7		过滤	3 毫秒	☐	☐	未使用
☐	%I0.8		过滤	3 毫秒	☐	☐	未使用

图 3-35　数字量输入设置

数字量输出

已使用	地址	符号	使用者	状态警报	故障预置值
☑	%Q0.0		用户逻辑	☐	0
☑	%Q0.1		用户逻辑	☐	0
☑	%Q0.2		用户逻辑	☐	0
☑	%Q0.3		用户逻辑	☐	0
☐	%Q0.4			☐	0
☐	%Q0.5			☐	0
☐	%Q0.6			☐	0

图 3-36　数字量输出设置

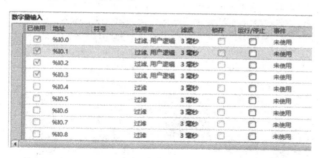

（5）对选择的 PLC 扩展模块的"模拟量输出"进行设置，设置好后如图 3-37 所示。

模拟量输出

地址	符号	类型	范围	最小值	最大值	故障预置值	单位	注释
%QW1.0		0 - 10 V	正常	0	10000	0		等待电机
%QW1.1		0 - 10 V	正常	0	10000	0		伺服电机
%QW1.2		0 - 10 V	正常	0	10000	0		滚筒电机
%QW1.3		未使用	未使用	0	0	0		

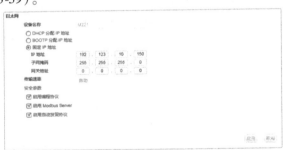

图 3-37　模拟量输出设置

（6）当上位机把数据发送过来时，数据通过 Modbus 协议被转换为能够被 PLC 直接识别处理的格式。Modbus 协议允许在各种网络体系结构内进行简单通信。每种外部设备都可以通过 Modbus 协议来进行远程操作。

本设计在基于串行通路和以太网的 Modbus 上进行相互通信。因此本设计需要配置以太网 IP 地址（见图 3-38）及 Modbus TCP 地址（见图 3-39）。

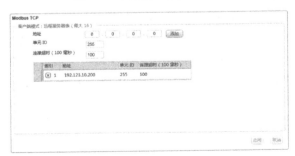

图 3-38　配置以太网 IP 地址

图 3-39　配置 Modbus TCP 地址

（7）完成以上配置后，单击"编程"按钮，进入程序编制界面，开始并完成程序输入（采用梯形图语言编程），完成后如图 3-40 所示。

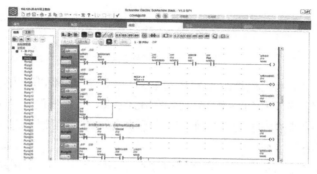

图 3-40　程序输入

（8）单击工具栏中的图标✔，编译调试程序，出现"0 建议,0 错误"，则说明所编写程序没有错误，调试成功。

3.6　PLC 通信

上包机的主机速度需要维持在 2.5 m/s，或者超过该速度，将包裹准确传送至小车上，该系统的实时性要求非常高。在此过程中会涉及复杂的延迟运算，主控装置和服务器之间还有数据传输的延时，本系统设计采用了多种协议进行通信。

系统的拓扑结构如图 3-16 所示。图中 3 个电机分别对应 3 节上包传送带，通过一组通信线进行控制。对射型光电传感器（位置检测装置）直接连到上料系统 PLC 的输入端。扫描级的条码扫描器 USB 数据线与系统主机相连，电子秤通过 RS-232 总线与 PC 机相连。控制系统主控 PLC 分别与上料系统 PLC 和下料系统落包口 PLC 通过 RS-232 总线互连。控制系统 PC 机通过网线访问数据库。

当包裹进入扫描级传送带之后，通过传送带加速顺利通过电子秤和光电传感器。在这个过程中,包裹的尺寸、质量及包裹信息被数据处理采集并记录下来。主控 PLC 结合检测到的信息,按照延迟时间算法,计算并给出该包裹的延迟时间,然后发送给上料 PLC。包裹在等待级传送带上停下等待空载小车。当得到空载小车同步信号后,上料 PLC 根据主机送来的延迟时间对传送带进行延时启动,最终把物件送上小车。

3.6.1　Modbus 通信协议

由 Modicon 公司开发的 Modbus 协议,是工业控制网络中对自动化控制设备进行访问控制的主从式通信协议,具备较强的抗干扰能力,广泛应用于工业控制领域。Modbus 使用串行通信,具有两种通信方式,分别为 ASCII 模式和 RTU 模式。ASCII 模式主要采用 LRC 校验,RTU 模式主要采用 16 位 CRC 校验。Modbus 协议描述了一个控制器请求访问其他设备的过程,根据地址识别消息的归属,决定执行何种功能。其通信遵循以下过程:主机准备请求并向从机发送请求;从机接收主机请求后进行校验,在 CRC 校验无错误的情况下,从机地址与地址码相符的从机接收通信命令,并根据功能码及相关要求处理信息,执行相应的任务,然后把执行结果返回给主机。返回的信息中包括地址码、功能码、执行后的数据及 CRC 校验码。如果 CRC 校验出错,从机将返回一个异常的功能码。作为一种常用的通信语言,Modbus 协议的主要功能就是让不同的控制设备之间实现相互通信,或者是在控制设备和其他工业控制设备之间建立通信通道。Modbus 协议不仅支持传统的现场总线如 RS-232、RS-485 和以太网设备,而且还包括 PLC、DCS、智能仪表等许多工业设备在内的通信标准。

（1）Modbus 协议的两种传输方式

Modbus 系统中有两种传输方式,一种是 ASCII(美国标准信息交换代码)模式,另一种是 RTU(远程终端设备)模式。用户可根据需要将控制器设置为两种模式中的任意一种以实现在 Modbus 网络中进行通信。但需注意的是,用户在 Modbus 系统中配置控制器参数时,处于同一个通信网络中的设备的串口参数(例如比特率)

设置必须相同,传输方式也必须同为 ASCII 模式或是 RTU 模式。两种传输方式的比较参见表 3-2。

表 3-2　两种传输模式的比较

传输方式	ASCII 模式	RTU 模式
字节长度	7 bit	8 bit
奇偶校验位	1 个或无校验位	1 个或无校验位
停止位	1 个(有校验时)或 2 个停止位(无校验时)	1 个(有校验时)或 2 个停止位(无校验时)
代码系统	0～9,A～F	0～9,A～F
错误检测域	LRC(纵向冗长检测)	CRC(循环冗长检测)
优点	发送字符的时间间隔可达到 1 s 秒并且不产生错误	相同的波特率下,这种模式比前者所传递的数据多

（2）Modbus 消息帧

两种传输模式中（ASCII 或 RTU），Modbus 信息被转变为帧传输,每帧都有确定的起点和终点。接收设备在收到表示开始发送信息的信号后立即工作,同时找到网络上要收该段信息的设备,还要确定信息何时发送结束。

① ASCII 帧

在 ASCII 模式中,信息传输开始用字符冒号“:”（即 ASCII 码 3AH）表示,信息传递完成以回车换行符（即 ASCII 码 0DH、0AH）表示。

在信息传递过程中还允许使用十六进制字符 0～9,A～F 来传递信息。在信息传递过程中,Modbus 系统中的设备持续监测冒号字符,每个设备都对地址区信号进行译码处理,以便确定该段信息是否发往自己。在所传递的信息中,发送两个字符之间必须有小于等于 1 s 的间隔,如果大于 1 s,接收方将判断信息传递出错,拒绝接收该段信息。一个典型 ASCII 消息帧见表 3-3。

表 3-3　ASCII 消息帧

起始位	设备地址	功能代码	数据	LRC 校验	结束符
1 个字符	2 个字符	2 个字符	n 个字符	2 个字符	2 个字符

② RTU 帧

在 RTU 模式中,发送两条信息之间需要停止至少 3.5 个字符的时间,该时间又被称为静止时间。所传输信息的第一个数据是 Modbus 网络上的设备地址。信息传输过程中用来传递信息的字符均是十六进制字符 0~9,A~F。系统中的每一个设备都持续地检测在网络上传递的信息(包括静止时间)。设备接收到所传递信息的地址数据后,都对其进行解码以便判断信息是否是发给自己的。传递信息的最后一个字符发送完之后,此时也需要停顿 3.5 个字符的时间,之后才开始继续进行下一个信息数据的传输。整个信息传递的过程必须连续传输。一个典型的 RTU 消息帧见表 3-4。

表 3-4　RTU 消息帧

起始位	设备地址	功能代码
T1 – T2 – T3 – T4	8 bit	8 bit

数据	CRC 校验	结束符
n 个 8 bit	16 bit	T1 – T2 – T3 – T4

(3)错误检测方法

标准的 Modbus 串行网络提供两种错误检测方法:一种是奇偶校验,另一种是帧检测。前者对信息中的每个字符都可用,后者则应用于整条信息。在信息发送之前,信息发送方生成错误检测位,信息接收方在收信息时逐一判断信息中包含的字符。

① 奇偶校验

奇偶校验的方式有三种,分别为奇校验、偶校验和无校验。具体采用哪种方式由用户自行选择,而用户选择的校验方式将决定每个传输字符中的奇偶校验位具体的设置方式。以奇校验为例,如果用户选择了奇校验,信息接收方收到信息时对"1"的个数进行计算,如果个数是奇数则信息正确,否则信息错误。

② 校验 LRC(纵向冗余校验)

LRC 检测主要应用于 ASCII 模式。LRC 校验方式需要检测传输信息中除开始的":"及结束的回车换行号外的所有内容。发送设备依据一定规则计算传递信息的 LRC 并附加到待传输消息中,信息发送至信息接收方,信息接收方在接收传输消息时也要依据相同规则计算 LRC 的值,并把其得到的结果和接收到的结果进行比较,如果两值相等,说明传输信息正确,否则信息错误。

③ 校验 CRC(循环冗余校验)

CRC 校验主要应用于 RTU 模式。CRC 校验方式检测了整个消息的内容。具体操作为发送方根据其要传递的信息,按照规定的方式产生 CRC 码,并将该码与原信息合并,之后再发送出去。接收方按相同方式计算其接收信息的 CRC 码,并将所得的结果与接收到的结果进行比较,如果两值一样,则传输信息无误,否则信息错误。

3.6.2　PLC 与计算机通信实现

主机(计算机)作为上位机,控制多台小型 PLC(小车 PLC,上包台 PLC,也称下位机)。这些小型 PLC 直接控制现场生产单元,构成了主从控制网络。主机与下位机的连接就是实现计算机和 PLC 之间的通信功能,根据计算机命令,监测、控制正在运行的生产过程。计算机发送指令给 PLC,PLC 对接收到的命令响应动作并将响应信息返回计算机。本设计采用 RS-485 串口通信技术。

(1)条码扫描器的通信实现及其内部信号处理

条码扫描器通过 USB 接口与 PC 机互连。在本设计中,条形码的编码方式为我国通用的 EAN-13 码,如图 3-41 所示。

图 3-41　典型的 EAN-13 码

以图 3-41 所示的条形码为例来具体说明条码扫描器与计算机之间的数据信号处理过程。首先,使用条码扫描器扫描该条形码,条码扫描器内部的光电转换部分将条码符号转换为脉冲符号;接着,对脉冲符号进行放大,滤波得到数字脉冲符号;内部的译码器对该数字脉冲符号进行译码操作。对图 3-41 的最终处理所得到的结果为

101 0001011 0100001 0110011 0010111 0110111 0111011 01010
1110010 1011100 1101100 1000100 1110010 1011100 101

条码扫描器将得到的上述结果通过 USB 数据线传给计算机。一个标准的 USB 数据线包括 4 条线:Vcc,Gnd,DM,DP。其中,Vcc 为电源线,Gnd 为接地线,DM 和 DP 为传输数据线。数据在 USB 数据线上以包的形式发送,该数据在 DM,DP 线上传输过程。首先,条码扫描器向计算机发送一个帧开始包,用以声明数据的传输方向与类型。然后将要发送的数据以数据包的形式发送给计算机。计算机接收完数据包后,将数据释放,结果正确无误后以 ACK 包(校验包)的形式返回给条码扫描器。数据包发送无误后,计算机经过内部的数据库访问处理,给出包裹的准确信息。

(2)电子秤的通信实现及其内部信号处理

电子秤通过 RS-232 总线与 PC 机互连。串口访问操作由上位机编写的控制程序实现,获得电子秤所测量显示的数据的操作。本设计选用的电子秤输出为 RS-232C 标准接口,波特率为 300～9 600。测量数据以 11 位 ASCII 码字符形式发送(包括偶校验位,7 位数据位,2 个停止位及 1 个起始位)。

现假设一待测包裹通过测量后得到结果为 2. 5 kg,经 A/D 转换后 2. 5 kg 对应的值是 101101110。电子秤 CPU 将该值送入 LED 驱动,显示 2. 5 kg。同时通过串口将该值以 ASCII 码字符形式传输给计算机。

第4章　环线及小车控制系统

交叉带式分拣机是物流自动化装置之一,整体结构主要由 4 部分构成:① 上包系统;② 装有传送带的小车系统;③ 由小车组成的环线系统;④ 落包控制系统。交叉带式分拣机是指小车的运动和环线的运动是交叉运行的,系统控制环线以一定的速度连续运行,载有包裹的小车快到达落包口时,控制小车传送带开始动作,包裹被送到落包口。系统的四部分之间通过现场总线实现信号的通信和传递。现场试验样机如图 4-1 所示。

图 4-1　现场试验样机示意图

4.1　环线电气控制系统

1)直线电机的工作原理及选型

整个环线由直线电机提供动力驱动运行,直线电机的原理相当于将旋转电机由径向剖开展平,原来定子对应的部分称为初级,原来转子对应的部分称为次级,当初级通以三相对称电流时,初级与次级之间的气隙产生平行移动的正弦分布磁场,次级在移动磁场中产生相对切割运动从而产生涡流,与磁场作用产生沿磁场移动方向上的推力与垂直于磁场移动方向上的吸力。选用的 PO1-23X160 系列的直线电机采用垂直安放的设计,传动装置的控制两块初级线圈的装置对称放置,两者中间有一定厚度的气隙,小车底部有竖直安装的铝板作为次级,该铝板可以从气隙通过,可将整个分拣机环线看成一个大型的开放式直线电机,环线小车的整体相当于一个巨大的次级。由于初级装置对称安装,各自对小车上的次级板产生的吸力相互抵消,而推力相互叠加,从而推动环线运动,由于非接触的驱动原理消除了环线上机械结构的摩擦损耗,相对于小车自带电机驱动行走的方式,免除了维护任务。

直线电机与旋转电机相比,主要有以下几个特点:① 结构简单;② 定位精度高;③ 反应速度快、灵敏度高,随动性好;④ 工作安全可靠、寿命长。

本样例选用 PO1-23X160 系列的直线电机,功率为 7.5 kW,需要 4 个。图 4-2 所示为直线电机。

图 4-2　直线电机

2) 直线电机的变频控制

直线电机采用施耐德公司的变频器驱动,采用的调速方式与普通三相电机的调速方式无异,只是旋转电机输出的是扭矩,而直线电机输出的是推力。变频器给定频率与环线运行速度近似成正比。系统中的传动主要是通过小车的行走轮及定位轮在传送导轨上的运行来完成的。本例采用施耐德系列的 ATV312H075M2 变频器，其通信兼容能力好，变频器如图 4-3 所示。

图 4-3　变频器

实际运行过程中，当系统启动后，环线就开始运行，经过短暂的调速时间进入设定的运行速度，环线稳定运行；当包裹从上包系统进入环线，系统自动将包裹送到目标格口，然后小车电机启动将包裹传送到指定的下包口。

环线控制选用了 4 台直线电机，每台直线电机分别用一个变频器（VF）控制。其中 2 台直线电机的控制电路如图 4-4 所示。

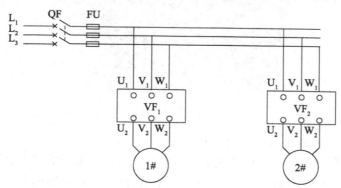

图 4-4　2 台直线电机的控制电路

4.2 小车电气控制系统

物流交叉带分拣机小车系统是由小车组成的环形封闭输送分拣系统,环形系统(环线)由对称安装的几台直线电机进行驱动,从而将小车上的包裹送至系统设定的下件区。上位计算机通过控制小车 PLC 驱动小车电机正、反转动作,实现包裹的双向落包。包裹在进入分拣系统之前,在上包段录入该包裹的地址信息,上位机接收到该信息后,判断该拟放置的小车号,当包裹上了环线小车后,上位机将该信息通过通信方式发给主控 PLC,主控 PLC 通过程序运算及判断该包裹的下包位置,在包裹接近落包区域后,将该信息发给小车控制 PLC,控制小车电机按照落包方向运转,使包裹准确落入目标格口内。

根据安装在下料槽口的光电传感器判断落包袋是否已装满,若落包袋已满,将袋满信息发送给小车 PLC,小车在该下包格口将停止下包,直至清空落包袋,按下格口复位按钮,小车才会卸下包裹。

另外,为保证分拣机的正常运行,当分拣的物件质量达到 3.5 kg(大于或等于 3.5 kg)后,将不允许物料进入分拣台,该物料作为不合格物料送至指定位置进行人工分拣。

4.2.1 小车系统的控制要求

本例所设计的系统有 140 个小车、136 个落包格口,落包格口可根据客户的要求来设定,要求环线的运行速度达到 2.5 m/s,每小时处理的包裹数大于 15 000 件。分拣错误率≤0.01%,设备噪音≤70 dB,单个包裹质量为 0.2~3.5 kg,每个格口包裹总质量≤30 kg。

4.2.2 小车控制系统的硬件设计

本系统设计使用了 3 种 PLC,施耐德 M241 PLC 用来控制环线上小车的正、反转,以每 20 台小车为一组,通过上位机发出命令控制 PLC 执行动作;M251 PLC 起主控制的作用;施耐德 M221 PLC 用来接收下料口满格信号及控制下料口装包动作。

1）硬件整体框架图

上料系统把采集到的信息经过报文传输协议（Modbus 协议）传给分拣系统中的 M251 PLC，这里的第一个 M251 PLC 其作用是实现传送环线的运动，控制直线电机。而另一个 M251 PLC 是控制智能小车的，把 M251 PLC 收到的信号发送到小车 M241 PLC 中，由 M241 PLC 控制小车的正、反转。图 4-5 为环线及小车系统的控制框图。

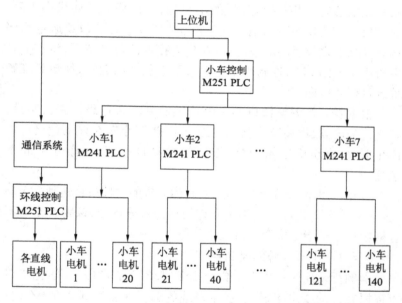

图 4-5 环线及小车系统控制框图

2）小车系统控制主电路

小车系统共有 140 辆小车，这些小车组成了环线，每辆小车都由独立的直流电机控制。小车电机为直流 24 V 供电，从安装在环线下的滑触线取电。图 4-6 所示为小车的控制电路，每个电机都配置了驱动器，电机驱动器可实现电机的调速，改变电机的转向。小车 PLC 通过控制驱动器来控制小车电机的运动。

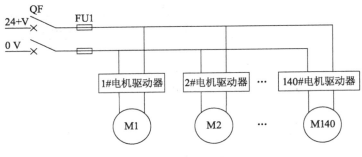

图 4-6 小车控制电路

3）I/O 地址表

M251 PLC 的功能是进行集中控制，通过其强大的网络功能，将上位计算机判断的小车正反转、转速等信息经过无线 AP 发送到 M241 PLC，M241 PLC 控制小车电机启动的时刻、正反转等。图 4-7 为小车系统信号传送示意图，表 4-1 为前 20 号小车的对应输出地址表。

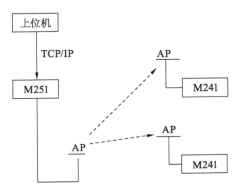

图 4-7 小车系统信号传送示意图

系统采用无线 AP，简化了安装，节约成本。经过样机实际测试，信号传输及时性好，准确可靠。M251 PLC 相当于信号的中转控制器，起主控制器的作用。

表 4-1 输出地址对应表

名称	符号	输出地址
1 号小车正转	1FW	%QX4.0
1 号小车反转	1RV	%QX4.1
2 号小车正转	2FW	%QX4.2
2 号小车反转	2RV	%QX4.3
3 号小车正转	3FW	%QX4.4
3 号小车反转	3RV	%QX4.5
4 号小车正转	4FW	%QX4.6
4 号小车反转	4RV	%QX4.7
5 号小车正转	5FW	%QX5.0
5 号小车反转	5RV	%QX5.1
6 号小车正转	6FW	%QX5.2
6 号小车反转	6RV	%QX5.3
7 号小车正转	7FW	%QX5.4
7 号小车反转	7RV	%QX5.5
8 号小车正转	8FW	%QX5.6
8 号小车反转	8RV	%QX5.7
9 号小车正转	9FW	%QX6.0
9 号小车反转	9RV	%QX6.1
10 号小车正转	10FW	%QX6.2
10 号小车反转	10RV	%QX6.3
11 号小车正转	11FW	%QX6.4
11 号小车反转	11RV	%QX6.5
12 号小车正转	12FW	%QX6.6
12 号小车反转	12RV	%QX6.7
13 号小车正转	13FW	%QX7.0
13 号小车反转	13RV	%QX7.1
14 号小车正转	14FW	%QX7.2

名称	符号	输出地址
14 号小车反转	14RV	%QX7.3
15 号小车正转	15FW	%QX7.4
15 号小车反转	15RV	%QX7.5
16 号小车正转	16FW	%QX7.6
16 号小车反转	16RV	%QX7.7
17 号小车正转	17FW	%QX8.0
17 号小车反转	17RV	%QX8.1
18 号小车正转	18FW	%QX8.2
18 号小车反转	18RV	%QX8.3
19 号小车正转	19FW	%QX8.4
19 号小车反转	19RV	%QX8.5
20 号小车正转	20FW	%QX8.6
20 号小车反转	20RV	%QX8.7

4) PLC 外部接线

M241 PLC 一共有 24 个点,包括 14 个输入点和 10 个输出点,不能满足一个 M241 控制 20 辆小车的正反转的要求,控制 20 辆小车的正反转最少需要 40 个输出点(20 个正转点和 20 个反转点)。根据这个要求选用 TM3 系列扩展模块(2 个 TM3DQ16R,1 个 TM3DQ8R,1 个 TM3AQ4)。

如图 4-8(a)和(b)所示,M241 PLC 的 14 个输入点、10 个输出点没有使用,而是将 M241 和 TM3DQ16R 进行了硬连接,所有的输出点都在 TM3DQ16R 和 TM3DQ8R 实现。

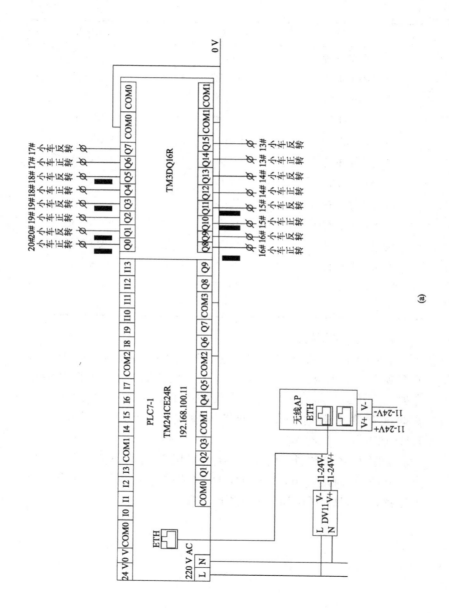

(a)

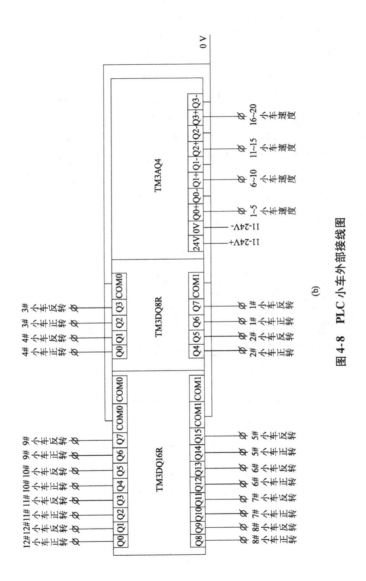

图 4-8　PLC 小车外部接线图

(b)

图 4-8（b）中扩展模块 TM3AQ4 是模拟量控制，直接控制小车的正反转和速度，可以通过改变直流电电压来改变小车的转速；它共有 4 路，本设计中使用 2 路来连接 20 辆小车，每一路并联10 个小车驱动器，留 2 路备用，用来改变小车的速度。

5）小车电机及驱动器的选型

本设计选择无刷直流电机，采用直流电机 SNH86DMW55，功率为 200 W，与上包系统等待级所用电机为同一型号。电机驱动器采用 SHN MWQD2206AC 型号的电机驱动器，如图 4-9 所示。

系统通过 PLC 输出的模拟量的大小来控制电机的转速和方向。PLC 输出电压模拟量 0 ~ 10 V，对应直流电机的转速为 0 ~ 1 000 r/min，可实现电机驱动器对直流电机的转速的精准控制，提高系统控制的响应速度和准确度。

图 4-9 电机驱动器（SHN MWQD2206AC）

小车系统 140 辆小车采用的电机驱动器都是统一的，图 4-10 所示为 1 号小车的接线图。PLC 连接驱动器的 CW（正转）和 CCW（反转），通过驱动器再连接小车以实现小车的正反转。小车的速度通过模拟量进行控制，改变通入电机驱动器的电压，控制小车下料的速度。

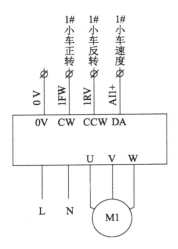

图 4-10　小车驱动器接线图

4.3　小车系统的软件设计

本实施案例设计的物流交叉带式分拣机,所有小车都是在环线上按顺序运动的,当判断完某个小车的位置后,全部小车的位置都可以计算出来。系统程序先判断小车的位置,然后再判断小车上是否有包裹及包裹的目的地。根据系统生产工艺的要求,分析各个设备的操作内容和操作顺序,可画出流程图,如图 4-11 所示。

举例说明:落包目的地的编号及数量可以根据客户要求自行修改,图 4-11 中的 1 号目的地为北京,2 号目的地为上海,3 号目的地为天津,4 号目的地为广州,5 号目的地为南京,6 号目的地为香港。北京、上海、天津为一排线,广州、南京、香港为相对的另一排线。当小车目的信息为北京、上海、广州时,小车正转;当目的信息为广州、南京、香港时,小车反转。当小车运行到目标下料区时,系统根据小车上包裹的地址信息控制小车下包,达到自动分拣的目的。

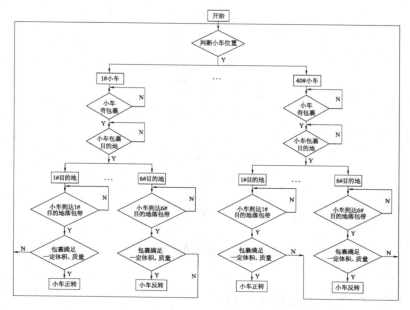

图 4-11 小车系统程序流程举例

4.3.1 程序流程图

交叉带分拣机启动后,系统对环线速度进行测试,确认其达到设定的速度后,开始检测小车车号,并开启上包台运行开关,然后系统等待上包。

包裹放在上包台,条码扫描器扫出包裹的各项信息,记录各项参数,与此同时将记录信息上传到上包台计算机。上包台控制计算机能够根据先前录入的具体信息确定该包裹的下包位置。电子秤的主要作用是测量包裹质量,同时将数据传送给 PC 机,然后包裹被上包系统送到等待级小车上,如果包裹的质量超过 3.5 kg,系统报警并由人工取走该超重包裹。

当包裹进入环线之后,自带图像分析功能的高速相机拍摄出包裹在小车上的实时位置,将包裹的位置信息通过 RS-485 总线发送到图像处理服务器。服务器处理图像信息后计算包裹在小车上的最佳位置及调整量,并将该调整信息通过总线发送给 M251 PLC,再通过

AP 通信方式转发给 M241,控制模拟量给电机驱动器实现小车电机的正反转微调,通过改变脉冲宽度调整包裹的位置,从而实现包裹位置自动校准。图 4-12 为传输及下包过程的程序流程图。

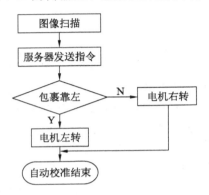

图 4-12　传输及下包过程程序流程图

4.3.2　部分程序举例

1）小车正反转控制

图 4-13 所示为每个小车的控制程序,包含当前小车所在位置、速度落包地址及小车的正反向动作输出。

图 4-13　小车正反转控制

2）小车的速度控制

如图 4-14 所示,此程序段为小车的速度控制,通过模拟量的改变来控制小车速度的变化。主控器 M251 发出 %MW3 的对应地址控制模拟量输出口 Q0 + 和 Q0 - 。

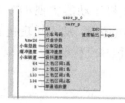

图4-14　小车的速度控制

3）位置校准程序段

图4-15所示为位置校准程序，以1号小车为例，小车收到动作命令，触发指令P，根据服务器发送的自动校准距离L，假设情况为下降沿正转，上升沿反转。结合上面一段程序主要是对小车动作的快慢进行控制，这里是对小车动作的时间进行控制，也就是控制下降沿或者上升沿持续的时间，从而实现小车物件位置校准。图中假设延时时间是1 s，物件位置校准完毕。

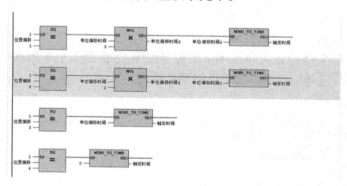

图4-15　位置校准程序

4.4　基于通信中转的小车实时通信设计

现阶段小车PLC与滚筒驱动器之间的通信，包括采用硬接线的模拟量方式、滑触总线通信方式及无线通信方式。模拟量方式采用硬接线，连接导线多，对移动小车的控制故障率高；滑触总线通信方式是通过滑块和滑触线接触通信的方式,在实际运行中由于安装等问题,容易造成通信信号丢失,导致通信中断;无线通信方式实时性、稳定性较差,所以总线通信方式的使用更为广泛。目前国内用于交叉带分拣机小车上的滚筒电机驱动控制的发展还不够成熟,尚未形成标准,通信的快速性与实时性方面还存在一定的问题。

集散控制系统中常采用 RS-485 总线通信方式,在研究的物流交叉带控制系统中,具体采用 Modbus 协议。系统根据环线上小车的数量设置小车 PLC 的数量,以小车 PLC 作为控制主站,滚筒驱动器作为从站,每个小车 PLC 控制多个小车滚筒电机驱动器,根据 PLC 指令要求,滚筒驱动器完成控制动作,并向主控 PLC 发送回帧确认。在交叉带分拣机环线上小车数较少,环线运行速度较慢的情况下,这种通信方式可以满足控制的实时响应,但随着小车数的增多,在环线运行速度递增及上包和下包准确性要求越来越高的情况下,传统主从方式 Modbus 协议通信已很难满足实时性要求。基于这种现状,为达到系统通信更好的实时性和稳定性的要求,结合研制的交叉带分拣样机,提出了一种通过通信中转控制板在小车 PLC 和滚筒驱动器之间的实时通信方式,即以主从模式 Modbus 协议为基础,结合广播模式的控制指令的复合式通信方案,实现系统控制和小车驱动的实时响应。

4.4.1　通信中转系统组成

交叉带分拣机小车通信控制系统由上位机、主控 PLC 及通信中转控制板组成。PLC 与上位机通过 Modbus TCP/IP 进行交互;PLC 与通信中转控制板(包含 COM1 和 COM2)采用 Modbus RS-485 进行通信连接;通信中转板采用基于 RS-485 的定制协议,控制 20 个小车滚筒驱动器的工作。PLC 接收上位服务器的命令信息,判断处理后经由通信中转控制板发送命令给滚筒驱动控制器,每个小车完成动作反馈给滚筒电机驱动控制器→通信中转板(COM3)→PLC(COM2),PLC 接收到信号后,结束运行控制信号。小车通信控制系统结构如图 4-16 所示。

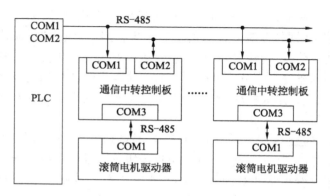

图4-16 小车通信控制系统结构

通信中转控制板采用 24 V DC 供电,设置 3 个 RS-485 通信口,用来实现通信中转处理;设置 1 个 DA 模拟量 0~5 V DC 输出,2 个 DO 继电器输出,留作直流无刷电机的转速与控制电机转向的备用接口。

通信中转控制板 COM1、COM2 口为从站接口,PLC 从 COM1 口写入控制板 COM1 口数据,从控制板 COM2 口读取滚筒电机驱动器当前状态。采用 Modbus RTU 协议,其通信格式为:传输速率 19200,数据长度 8,偶校验 E,停止位 1。通过拨码开关 0~9 位来选择从站地址,用 2 个 DIP 开关确定 1~20 号从站地址,按 RS-485/422 方式设定通信格式。

通信中转控制板 COM3 口与滚筒电机驱动器 COM1 口之间采用定制协议,遵循 RS-485 通信协议基本框架,最大站点数 127,地址通过拨码开关设定,通信格式为:传输速率 38400,站点数 N,数据长度 8,停止位 1,校验方式为帧校验。应答过程为:控制中心发送运行参数帧后,驱动器返回应答帧,然后控制中心发送运行命令帧的方式,写入控制数据,读取驱动器当前状态。

4.4.2 复合式通信协议实现

Modbus 协议数据和信息的通信遵循主/从模式,每个从站在系统中为唯一的地址。采用命令/应答的通信方式,通信时主站发出请求,从站应答请求并送回数据或状态信息。由于 RS-485 总线上同一时间只能有一个节点作为总线信号的发出方,为协调交叉带分拣机小车之间总线上的信息传递,PLC 作为 RS-485 总线的主控器,向各小车驱动器发送指令,每发出一条控制或状态查询指令后等待小车的确认回帧。系统中小车数量的增加将直接影响系统的实时响应性能。为此本书提出了一种以主从通信模式为基础,结合实时多点广播通信的复合式通信解决方案。

1）广播模式的系统通信实现

主控 PLC 接收到上位计算机指令后,即向中转控制板发送小车移动的广播指令,每个驱动器对应连接一个中转控制板。通信中转控制板接收并处理这种协议帧,但不反馈回帧,即主控 PLC 所发出的系统指令无法确定小车的滚筒驱动器是否响应。为了解决这个问题,在广播通信的基础上,加入主从通信模式,用来判断小车滚筒驱动器是否响应主控 PLC 的广播命令,如果主控 PLC 在发送广播控制指令之后监测到某一小车滚筒驱动器的运行状态未响应,主控 PLC 将在下一个控制窗口重新广播。通信中转控制板在接收到主控 PLC 广播指令之后,通过比较广播指令所定义的小车号和小车自身编号,确定该小车是否需要动作,根据指令内容和自身状态完成正反转运行、启停、调整方向等相应操作。

广播模式帧结构设计。PLC 通过 COM1 以广播模式发送 1～22 个字,其中第 1～20 个字对应控制板的地址 1～20,第一个字对应地址为 1 的控制板,第二个字对应地址为 2 的控制板,以此类推,第二十个字对应地址为 20 的控制板。每个字的格式如图 4-17 所示。

b15	······	b5	b4	b3	b2	b1	b0
			落包运行	调整运行	迎包运行	反向运动	正向运动

图 4-17　控制字格式

PLC 通过 COM1 以广播模式发送的第 21、22 个字对应控制板的地址 1～20,也即小车号。这两个字符控制运行信号,对应关系如图 4-18 所示。

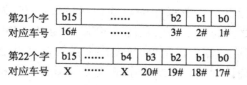

图4-18　定位字格式

控制板地址由板载拨码开关来设定,控制板通过程序定位对应字号,读取拨码开关后确定小车自身编号,与广播模式发送的定位字相匹配来获取小车驱动器的控制信息。

2）主从模式的系统通信实现

主从模式通信设计的 COM2 口,主要用于实现主控 PLC 与各个移动小车的运动控制及状态信息的查询。主控 PLC 采用轮询方式查询移动小车的状态信息,包括电机故障、电机运行状态和通信板的故障状态等。当主控 PLC 轮询到某移动小车反馈异常状态信息,主控 PLC 综合该小车的当前状态,确定完成控制所需的动作逻辑,并立刻以广播模式发送控制指令。反馈字的格式如图 4-19 所示。

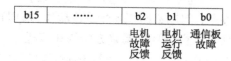

图4-19　反馈字格式

4.4.3　通信机制的验证与测试

该设计方案,已应用于中通物流交叉带分拣机应用系统中,通过现场实际运行表明,采用该通信方案,在环线运行速度提高25%的基础上,系统原有的 0.1% 的错包率(反映正确性)有效地降低至 0.01%,整体提高了系统的可靠性和运行效率。针对交叉带分拣机应用系统的工况特点,设计主从通信模式和广播通信模式相结合的复合式通信机制,各通道之间采用控制指令广播通信模式和状态信息反馈的通信机制,可有效地满足分拣系统实时性、可靠性的要求。该机制对于其他实时性、可靠性要求高的应用场合也具有很好的参考价值。

4.5　基于视觉的交叉带小车智能落包方法

现有物流快递自动分拣技术主要采用交叉带分拣机,而交叉带分拣机主要有两种落包办法:一种是采用上包台手动扫码称重,该控制方法的包裹一旦从上包台上到环线的小车上,包裹的位置就没有办法改变,导致包裹落包错误率增加,准确性下降,错误率约为 0.1%,严重影响快递的发展,同时也制约了交叉带分拣技术的发展。另一种是在环线上安装视觉扫码设备,同时可对包裹位置进行适当调整,这种办法对快递面单要求高,对非标准的面单处理准确度低。针对第一种方法出现的高错误率设计一种新的智能落包方法。主要解决由于小车上包裹的位置不好,或者包裹大小超过规定,而不能准确落在目标格口的问题。在上包台按环线行进方向最后面一侧分别设置低成本的视觉扫描装置,通过计算分析包裹位置提前调整包裹在小车上的位置,结合包裹质量确定小车电机的启动时间和启动速度实现精确下包。

技术实施流程如图 4-20 所示。

(1) 视觉扫描:按环线行进方向在交叉带分拣机上包台最后面一侧分别设置视觉扫描装置。视觉扫描装置的控制器和视觉处理服务器连接。

(2) 视觉处理:根据扫描得到的小车包裹形状、位置信息,判断包裹是否正常。如果为超大包,则判断包裹占用的相邻的小车号,发信息给主服务器,封锁该小车进行的上包操作。

(3) 包裹位置调整:根据系统对包裹位置信息的处理,判断小车上包裹的落包格口,如果格口在左边,则由服务器根据位置计算发控制命令给控制小车的 PLC,驱动小车电机转动一定的距离使包裹到小车的左边边缘;如果格口在右边,同样由服务器根据位置计算发控制命令给控制小车的 PLC,驱动小车电机转动一定的距离使包裹到小车的右边边缘。

(4) 落包操作:由服务器根据该小车上包裹的质量计算小车电

机启动的时间及初始速度,可保证落包操作准确可靠,精准下包。

（5）网络控制:采用上位工控机做主服务器,通过网络交换机,连接视觉处理服务器及交叉带 PLC 控制主机,再到小车的 PLC 控制器。

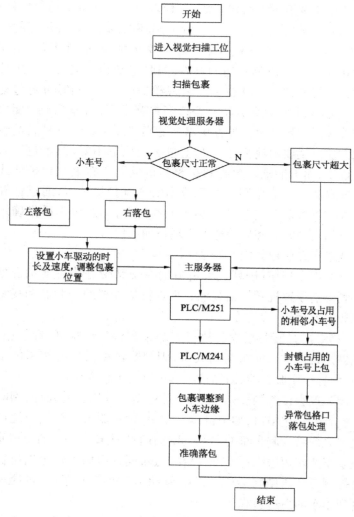

图 4-20　智能落包流程图

第5章 下包装包系统

5.1 格口优化设计

在实施案例的下包系统中,包括 140 辆小车,136 个下包口。为了优化格口的资源配置,提出了格口优化、半自动装包的优化技术。当某一目的地的包裹特别多时,系统进行自动设置,优化格口配置,可以配置两个甚至两个以上的下包口来同时实现某一目的地的包裹下包。在下包时利用设计的半自动装包装置,方便操作人员打包,提高工作效率。

5.1.1 格口优化思想

分拣作业是物流行业的关键作业,对于"时间就是金钱"的快递企业而言,在最短时间内处理包裹的所有流转过程是快递行业的重中之重。要在短时间内处理大数量、多型号的包裹,就要求提高分拣作业的效率。针对这种现状,提出格口优化概念,以利于分担分拣压力,力求解决由于快递包裹突然增加而系统配置的格口较少来不及落包的问题。在交叉带分拣机的下包口会预留几个备用格口,以便系统可以根据包裹分拣的需要调整配置格口,使分拣过程更加流畅和迅速。

物流交叉分拣机的上位计算机通过读取现场快递公司服务器的包裹信息,分析当次包裹的目的地位置数据,进而与原有的交叉带系统承受能力对比,若已超过原有承受能力,则根据相应的地理位置数据信息来决定开设该地区的格口数量。

5.1.2　格口优化设计方案

如图 5-1 所示,上位计算机读取现场快递公司服务器提供的包裹数据,统计各目的地当天的包裹数量,并进行分析,调整格口数量,并在每个格口上安装显示装置,显示调整的目的地信息及当前该格口的包裹数量等信息。格口优化设计可以极大地缓解一天之内大批量相同目的地包裹的分拣压力,提高物流交叉带分拣机的分拣效率。图 5-2 所示为交叉分拣机格口通信显示示意图,图 5-3 所示为显示处理示意图。图 5-4 为格口优化示意图。

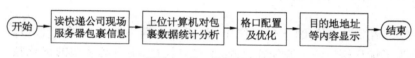

图 5-1　格口优化流程图

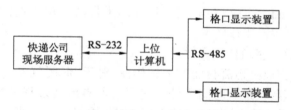

图 5-2　交叉分拣机格口通信显示示意图

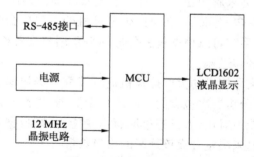

图 5-3　显示处理示意图

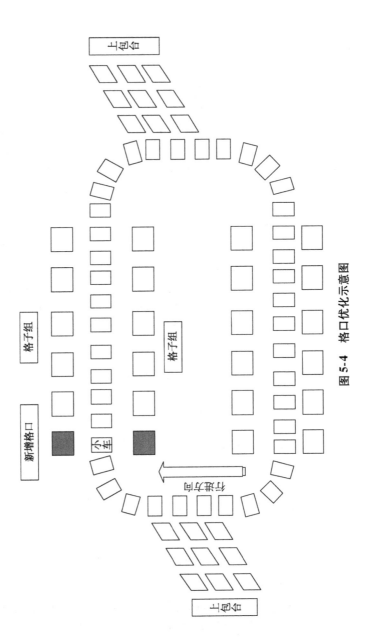

图 5-4　格口优化示意图

5.2 半自动装包方案设计

现有物流交叉机分拣格口采用手工装袋办法,分拣时在两侧格口的套袋杆上套入打包袋,操作人员将分拣口处的货物手工装入打包袋。由于打包袋的一部分在装载前是在地面上,待装载到一定容量时需要操作人员整理,然后进行二次装载,这种手工装载操作不仅效率低,人工操作量大,而且容易对快递造成损害。为了解决这个问题,设计半自动装包装置,虽然其还不能完全取代人工装包,但可大大缩短装包的时间,确保了装包效率,系统可靠性高,节省劳动力,同时成本低,操作简便。

5.2.1 半自动装卸包装置的设计

用于物流交叉机分拣格口的半自动装卸包装置包括控制器及装卸包机械机构。半自动装卸包装置安装在分拣机的各个格口处,其结构示意图如图 5-5 所示,设置在后挡板两侧的立柱外围设置有侧挡板,立柱上设置有平行于侧挡板的套袋杆,套袋杆上可以套装打包袋。

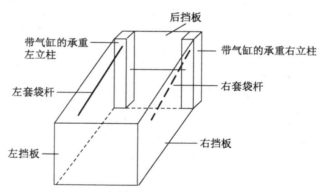

图 5-5 半自动装卸包装置示意图

半自动装卸包装置后视图如图 5-6 所示,立柱结构包括气缸、顶杆及内管组成的支撑机构,以及包覆在支撑机构外部的外套管,顶杆安装在气缸上,内管安装在顶杆上。如图 5-7 所示,后挡板上边缘嵌有光电传感器。控制器主要作用包括与上位控制器的通信,对电源、满格检测,执行装卸包操作。相对手工装袋办法,该装置便于对物流小件包裹的装袋,节省人工,提高装袋效率,可以很好地满足各大快递公司分拣要求。

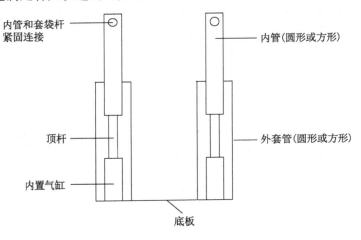

图5-6 半自动装卸包装置后视图

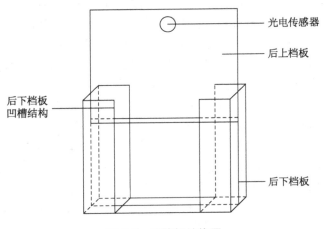

图5-7 后挡板结构图

图5-8为半自动装卸包装置电气控制系统的控制框图。该控

制系统主要包括 MCU(单片机)、光电传感器、上升按钮、复位按钮、输出继电器、报警继电器、满格指示灯及电源。输出继电器控制气缸;报警继电器控制满格指示灯;光电传感器检测打包袋内的货物是否满仓,并发出检测信号至 MCU;上升按钮控制气缸进行上升操作;MCU 通过 RS-485 与分拣机的 PLC 通信,控制 PLC 停止或启动分拣操作。

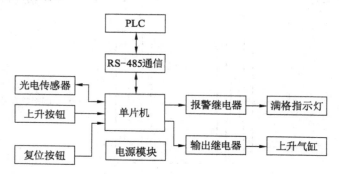

图 5-8　半自动装卸包装量电气控制系统的控制框图

5.2.2　半自动装卸包装置工作流程

设计的半自动装卸包装置,其工作流程如图 5-9 所示:① 在套袋杆上套入打包袋,此时上挡板和下挡板重叠,打包袋敞开 1/2 高度(半包高度);② 分拣机运行后包裹从格口落入打包袋;③ 光电传感器检测快递包裹,当处于半满仓位置时发送信号至 MCU,由 MCU 控制上位机(分拣机)停止下包操作;④ 人工整理包裹,按下上升按钮;⑤ 输出继电器控制左右气缸推动内筒上升;⑥ 套袋杆带动打包袋及上挡板上升至满包高度;⑦ 按下复位按钮控制上位机继续下包操作,包裹再次落入打包袋;⑧ 当光电传感器再次检测到包裹时,MCU 控制上位机再次停止下包操作;⑨ 人工整理包裹再次腾出打包袋空间;⑩ 按下复位按钮再次启动下包操作;⑪ 当光电传感器第三次检测到包裹时,停止下包操作;⑫ 打包袋满格,更换空打包袋,继续上述操作。

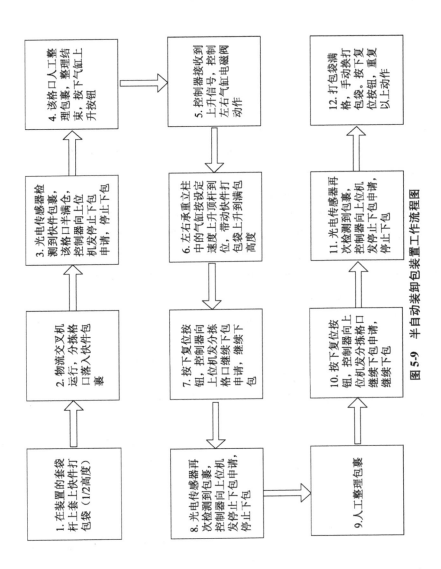

图 5-9　半自动装卸包装置工作流程图

1. 在装置的套袋杆上套上快件打包袋(1/2间度)

2. 物流交叉机运行，分拣格口落入快件包裹

3. 光电传感器检测到快件包裹，该格口半满仓，控制器向上位机发下包申请，停止下包

4. 该格口人工整理包裹，整理结束，按下气缸上升按钮

5. 控制器接收到上升信号，控制上气缸电磁阀左右电磁阀动作

6. 左右承重立柱中的气缸按设定速度上升顶料到位，带动快件打包袋上升到满包高度

7. 按下复位按钮，控制器向上位机发分拣格口继续下包申请，继续下包

8. 光电传感器再次检测到包裹，控制器向上位机发停止下包申请，停止下包

9. 人工整理包裹

10. 按下复位按钮，上位机发分拣格口继续下包申请，继续下包

11. 光电传感器再次检测到包裹，控制器向上位机发停止下包申请，停止下包

12. 打包袋装满格，手动换打包袋，按下复位按钮，重复以上动作

第6章 上位计算机控制系统

从不同地方汇聚而来的包裹会定时集中在分拣中心,分拣中心再将这些包裹快速分拣配送到不同的目的地。如何准确可靠地分拣这些包裹,关键在于上位计算机控制系统。

实施案例是以 Delphi 为软件的前台开发工具,My SQL6.0 为数据库平台,Tclient Soclcet 串口控件为前提来设计的。系统编程软件采用 Delphi 7,设计用户界面和操作界面等;利用 Delphi 的控件与数据库连接,完成数据库的读写工作,除了用户界面外还有出港扫描界面。采用 MySQL6.0 数据库系统直接创建系统数据库,并进行详细的数据表设计,包括命令队列的数据表、站点信息数据表、历史数据的存储、短信中心和定时刷新时间的数据及操作员的登录等。

系统通过以太网传送数据,可对包裹进行扫描和称重,将包裹信息存入数据库,当包裹随着小车在传送带上传输时,通过扫描数据判断是否可以下包及在什么位置下包,下包完成再次扫描数据,更新数据库。

6.1 智能交叉带分拣机控制系统的设计

6.1.1 系统控制架构及传输要求

1) 软件架构要求

软件开发的整体架构主要分为 C/S 架构和 B/S 架构,即客户/服务器模式和浏览器/服务器模式。不同的架构,会影响软件的设计和运用。在硬件环境方面,C/S 架构是一种局域网架构,适用范围相对于 B/S 架构较小,要建立专用的网络;而 B/S 架构对硬件环境的要求没有这么高,只要有浏览器及操作系统就行,比 C/S 架构有更强的适应能力。B/S 架构面向范围广,需要快速的处理速度,B/S 架构注重的是流程,在速度方面考虑较少。在安全性方面,因 B/S 架构适应范围较广,则安全性就会相对较低,而由于 C/S 架构有专用的用户,因此安全性比较高。

C/S 程序由于应用程序的升级和客户端程序的维护较为困难;B/S 能够实现构件的个别更换,使系统升级,系统维护的成本相对较低。

本例设计的智能物流分拣控制系统是面向固定用户的,用户信息保密性要求高,同时要求系统有非常高的安全性和稳定性,所以本系统采用 C/S 架构。

2)传输要求

传统的 RS-232 接口应用广泛、成本低廉,每台 PC 机上都有,是通用接口。其缺点是传输距离短、传输速率低,仅为 20 kbps。考虑到物料分拣对数据传输速率的要求,选择以太网传输,以太网在局域网的速率及安全性方面都能满足控制传输要求。下位主控 PLC 选用施耐德公司生产的 M251 PLC,它配备有以太网接口,能与上位机完成匹配。

3)运行环境

(1)硬件环境

处理器:Intel Pentium 166 mx 或更高;内存:32 GB;硬盘空间:1 GB;显卡:AMD Radeon HD 6520G。

(2)软件环境

操作系统:Windows 2000/XP/7。

(3)软件支持

数据库:MySQL。

6.1.2　系统需求分析

1)系统功能需求

根据条形码扫描在数据库中记录包裹数据,每 0.1 s 对传送带上的小车进行一次扫描,判断小车是否有包裹,判断该小车的下包口位置及其是否已经下包;若小车没有包裹则重新判断,进入下一次扫描。通过数据库查询包裹的出入库信息、属地及目的地信息。系统定时检测小车当前的状态。若小车出现故障,可以对单个或几个小车进行信号屏蔽,使小车不受检测信号影响持续前进。

2) 系统功能模块划分

根据系统的功能需求,系统功能主要有两个方面:在数据方面实现各种数据的管理和串口数据的传输,其中包括对操作系统的数据管理和对传输数据的管理;在操作方面建立人性化操作界面,功能分区合理,易于操作管理。系统功能模块划分如图 6-1 所示。

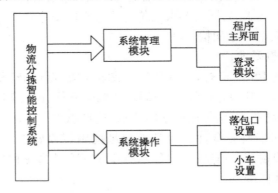

图 6-1 系统功能模块划分图

6.2 数据库及数据表设计

6.2.1 数据库设计

数据库是能够存储数据并且能对数据进行操作的一种工具。数据库具有组织和表达信息的功能。数据库的设计对于整个系统而言至关重要,关乎到系统存储运用的数据。设计采用 C/S 架构,即客户端/服务器架构,如图 6-2 所示。

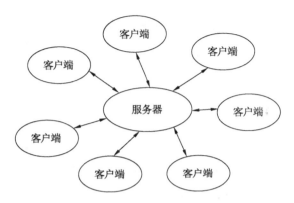

图 6-2 C/S 结构示意图

设计采用 SQLyog,它是一款简洁高效、功能强大的图形化 MySQL 数据库管理工具,具有方便快捷的数据库同步工具和数据库结构同步工具,可以直接批量运行 SQL 脚本文件,速度快。

创建数据库的步骤:① 单击列表空白处,选择创建数据库,如图 6-3 所示;② 输入数据库名称,并选择基字符集和排序规则,创建数据库,如图 6-4 所示。数据库创建完成界面如图 6-5 所示。

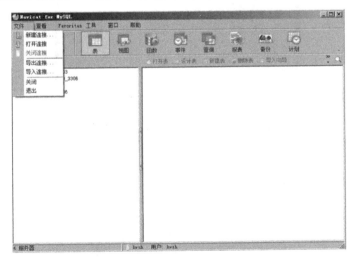

图 6-3 创建数据库界面

图6-4　创建数据库选项界面

图6-5　数据库创建完成界面

通过对本系统各模块的分析,需要建立数据表 13 个,设置的表名见表6-1。

表6-1　数据表说明

表名	说明
bagtable	用于记录包的信息
bill	包的信息清单

表名	说明
carstatus	用于记录小车的状态
chargescan	扫描包的信息
exportstatus	用于记录出料的状态
gateway	出料口的出料方式
recgunscan	用于记录扫描枪的信息
sysinfo	用于储存短信中心设置和定时刷新时间的数据
tabarea	用于记录送达地区信息
tabclass	记录包裹的发出方式
tabscantype	记录扫描方式
tabvestin	包里的东西分类表
userinfo	用于储存操作人员信息

6.2.2　数据表设计

1）bagtable 表

（1）连接 deliverybase 数据库，单击【表】按钮；然后单击【新建】按钮，打开【新表】对话框，如图 6-6 所示。

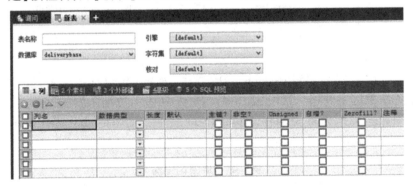

图 6-6　"新表"对话框

（2）依次创建表所需的所有字段，再设置"关键字段"，具体设计见表 6-2。其中 ID 是数据队列编号，使用自动编号数据类型；BigBagNo 是打包包号，ExportNo 是落包口编号；Way 是落包方向，

1 表示反向落包,0 表示正向落包;AimStationNo 表示包地址编号。

表 6-2　bagtable 表的结构

字段名称	数据类型	字段大小	字段含义
ID	自动编号	长整型	队列编号
BigBagNo	文本	15	打包包号
ExportNo	文本	长整型	落包口编号
Way	数字	长整型	落包方向
AimStationNo	文本	6	包地址编号

（3）将页面切换到视图,编辑 baytable 表的内容,见表 6-3。该表用于存储落包的信息,包裹在落包时的信息存储在这个表中,系统通过设置落包口信息,实现数据的分类存储和传输。

表 6-3　bagtable 视图表格

ID	BigBagNo	ExportNo	Way	AimStationNo
15	3543254366456	19	1	01901
16	1111	19	1	01901
17	15432532465	17	0	01700
...	...	...	...	...

2）bill 表

（1）按照创建 bagtable 表的方法,为 bill 表设置字段名,并设置主关键字,具体设计见表 6-4。其中 ID 表示数据队列的编号,使用数据类型为自动编号,SortingCode 表示查询密码,billCode 表示表编号。

表 6-4　bill 表的结构

字段名称	数据类型	字段大小	字段含义
ID	自动编号	长整型	队列编号
SortingCode	文本	长整型	查询密码
billCode	文本	长整型	表编号

（2）编辑 bill 表的内容,见表 6-5。该表用于存储包裹目的地信息,系统通过设置各个下包口的基本信息,实现数据的分类和传输。

表 6-5　bill 视图表格

ID	SortingCode	billCode
1	03101	10000000000
2	03101	10000000001
3	03101	10000000002
4	03101	10000000003
…	…	…

3）carstatus 表

（1）按照创建 bagtable 表的方法,为 carstatus 表设置字段名,并且设置主关键字,具体设计见表 6-6。其中 CarNo 表示小车编号,HaveYN 表示小车是否为有货状态,BagNo 表示小车没货,AimStationNo 表示目的站点编号,修改后可以删除,weight 表示质量,ExportYN 表示该小车是否允许下料,与出口库中的允许下料要一致。

表 6-6　carstatus 表的结构

字段名称	数据类型	字段大小	字段含义
CarNo	文本	11	小车编号
HaveYN	文本	11	小车是否有货
BagNo	数字	长整型	小车没货
AimStationNo	文本	5	站点编号
weight	文本	双字	质量
ExportYN	文本	11	小车是否允许下料

（2）编辑 carstatus 表的内容,见表 6-7。该表储存了小车的基本信息,包括是否可以出料等信息,系统将所接收的数据存储到数

据库中, 方便查看当前和历史数据。

表 6-7　carstatus 视图表格

CarNo	HaveYN	BagNo	AimStationNo	weight	ExportYN
1	1	null	null	0.00	0
2	1	null	null	0.00	0
3	1	null	null	0.00	0
4	1	null	null	0.00	0
…	…	…	…	…	…

4) chargescan 表

按照创建 bagtable 表方法, 为 chargescan 表设置字段名, 并且设置主关键字, 具体设计见表 6-8。其中 ID 表示设置数据编号, 使用的数据类型为自动编号, type 表示进出站类型, 0 表示出站, 1 表示进站。BagNo 表示运单编号, Addressee 表示收件人, Customer 表示客户名称, AimStation 表示目的站点, ScanType 表示扫描类型, 有收件扫描、发件扫描、到件扫描等。Area 表示片区, ClassNo 表示班次, ScanTime 表示扫描时间, ScanStation 表示扫描站点, Weight 表示质量, BagNum 表示件数。该表存储了包裹出料目地、时间、地点等信息, 系统将所接收的数据通过程序存储到数据库中, 以便于随时查看历史数据。

表 6-8　chargescan 表的结构

字段名称	数据类型	字段大小	字段含义
ID	自动编号	长整型	队列编号
type	文本	11	进出站类型
BagNo	文本	30	运单编号
Addressee	文本	10	收件人
Customer	文本	20	客户名称
AimStation	文本	10	目的站点
ScanType	文本	8	扫描类型

续表

字段名称	数据类型	字段大小	字段含义
Area	文本	10	片区
ClassNo	文本	6	班次
ScanTime	文本	25	扫描时间
ScanStation	文本	10	扫描站点
Weight	文本	双字	质量
BagNum	文本	11	收件数

5）exportstatus 表

（1）按照 bagtable 表的制作方法，为 exportstatus 表设置字段名，并且设置主关键字，具体设计见表 6-9。其中 ID 表示输入用户编号，采用的数据类型为自动编号。ExportBH 表示出口编号，Way 表示方向，BigBagNo 表示正转大包包号，ExportYN 表示该出口是否允许下料，与小车库中的允许下料要一致。AimStationNo 表示正转目的站点编号，CurWeight 表示正转当前质量和。

表 6-9　exportstatus 表的结构

字段名称	数据类型	字段大小	字段含义
ID	自动编号	长整型	队列编号
ExportBH	文本	11	出口编号
Way	文本	11	方向
BigBagNo	文本	15	正转大包包号
ExportYN	文本	11	是否允许下料
AimStationNo	文本	6	正转目的站点编号
CurWeight	文本	双字	当前质量和

（2）编辑 exportstatus 表的内容，见表 6-10。该表储存了小车出料的信息，系统将所接收的数据通过程序存储到数据库中，以便查看历史记录。

表 6-10　exportstatus 视图表格

ID	ExportBH	Way	BigBagNo	ExportYN	AimStationNo	CurWeight
1	1	1	null	0	00101	0.0
2	2	0	null	0	00100	0.0
3	3	1	null	0	02401	2.8
…	…	…	…	…	…	…

6）gateway 表

（1）按照 bagtable 表的制作方法，为 gateway 表设置字段名，并且设置主关键字，具体设计见表 6-11。其中 ID 表示设置数据的编号，采用的数据类型为自动编号，BagNo 表示包号，GateWayNo 表示上包口号，ExportNo 表示出口号，Way 表示出料方式，AimStationNo 表示正转目的站点编号，Weight 表示质量。

表 6-11　gateway 表的结构

字段名称	数据类型	字段大小	字段含义
ID	自动编号	长整型	队列编号
BagNo	文本	30	包号
GateWayNo	文本	11	上包口号
ExportNo	文本	11	出口号
Way	文本	11	出料方式
AimStationNo	文本	15	正转目的站点编号
Weight	文本	双字	质量

（2）编辑 gateway 表的内容，见表 6-12。该表储存了小车上包口号和小包本身的信息，系统将所接收的数据通过程序存储到数据库中，以便查看历史记录。

表 6-12　gateway 视图表格

ID	BagNo	GateWayNo	ExportNo	Way	AimStationNo	Weight
4	5432532423	3	14	1	01401	0
...	...	...	...	...	...	...

7）recgunscan 表

（1）按照 bagtable 表制作方法，为 recgunscan 表设置字段名，并且设置主关键字，具体设计见表 6-13。其中 ID 表示设置数据的编号，采用的数据类型为自动编号，GunCode 表示上包编号，FunCode 表示换包方式，01 表示换大包，02 表示加包，03 表示减包。

表 6-13　recgunscan 表的结构

字段名称	数据类型	字段大小	字段含义
ID	自动编号	长整型	队列编号
GunCode	文本	2	上包编号
FunCode	文本	2	换包方式

（2）编辑 recgunscan 表的内容，见表 6-14。该表储存了包的信息和换包方式，系统通过设置基本信息实现数据的分类传输和存储。

表 6-14　recgunscan 视图表格

ID	GunCode	FunCode
1	01	01
2	02	01
...	...	...

8）sysinfo 表

（1）按照 bagtable 表的制作方法，为 sysinfo 表设置字段名，并且设置主关键字，具体设计见表 6-15。其中 ID 表示设置数据的编号，采用的数据类型为自动编号，CarNum 表示小车数量，

ExportNum 表示落包口数量,应该和小车数量一样,PLCIPAdd 表示主控 PLC 的 IP 地址,PLCPortAdd 表示主控 PLC 的端口地址。

表 6-15　sysinfo 表的结构

字段名称	数据类型	字段大小	字段含义
ID	自动编号	长整型	队列编号
CarNum	文本	11	小车数量
ExportNum	文本	11	落包口数量
PLCIPAdd	文本	15	主控 PLC IP 地址
PLCPortAdd	文本	6	主控 PLC 端口地址

(2)编辑 sysinfo 表的内容,见表 6-16。该表存储了落包口信息和主控 PLC 的地址信息,提高了系统的工作效率。

表 6-16　sysinfo 视图表格

ID	CarNum	ExportNum	PLCIPAdd	PLCPortAdd
1	00000000120	120	192. 123. 10. 10	502
...	...	...	...	...

9)tabarea 表

(1)按照 bagtable 表的制作方法,为 tabarea 表设置字段名,并且设置主关键字,具体设计见表 6-17。其中 ID 表示设置数据的编号,采用的数据类型为自动编号,AreaNo 表示始发地。

表 6-17　tabarea 表的结构

字段名称	数据类型	字段大小	字段含义
ID	自动编号	长整型	队列编号
AreaNo	文本	10	始发地

(2)编辑 tabarea 表的内容,见表 6-18。该表存储了包件始发地的信息,系统将所接收的数据通过程序存储到数据库中,以便查看历史记录。

表 6-18　tabarea 视图表格

ID	AreaNo
1	班车
…	…

10）tabclass 表

（1）按照 bagtable 表的制作方法，为 tabclass 表设置字段名，并且设置主关键字，具体设计见表 6-19。其中 ID 表示设置数据的编号，采用的数据类型为自动编号，ClassNo 表示包件发出的方式。

表 6-19　tabclass 表的结构

字段名称	数据类型	字段大小	字段含义
ID	自动编号	长整型	队列编号
ClassNo	文本	10	包件发出方式

（2）编辑 tabclass 表的内容，见表 6-20。该表存储了包件的发出方式，系统将所接收的数据通过程序存储到数据库中，以便查看历史记录。

表 6-20　tabclass 视图表格

ID	ClassNo
1	航班
2	班车
…	…

11）tabscantype 表

（1）按照 bagtable 表的制作方法，为 tabscantype 表设置字段名，并且设置主关键字，具体的设计见表 6-21。其中 ID 表示设置数据的编号，采用的数据类型为自动编号，ScanType 表示包件的种类。

表 6-21　tabscantype 表的结构

字段名称	数据类型	字段大小	字段含义
ID	自动编号	长整型	队列编号
ScanType	文本	10	包件种类

（2）编辑 tabscantype 表的内容，见表 6-22。该表存储了包件的分类信息，系统将所接收的数据通过程序存储到数据库中，以便查看历史记录。

表 6-22　tabscantype 视图表格

ID	ScanType
1	混合
2	文件
…	…

12）tabvestin 表

（1）按照 bagtable 表的制作方法，为 tabvestin 表设置字段名，并且设置主关键字，具体设计见表 6-23。其中 ID 表示设置数据的编号，采用的数据类型为自动编号，AddressNo 表示寄件编号，AddressName 表示寄件地址，VestIn 表示收件地址。

表 6-23　tabvestin 表的结构

字段名称	数据类型	字段大小	字段含义
ID	自动编号	长整型	队列编号
AddressNo	文本	5	寄件编号
AddressName	文本	20	寄件地址
VestIn	文本	12	收件地址

（2）编辑 tabvestin 表的内容，见表 6-24。该表存储了包件的寄件和收件地址，系统将所接收的数据通过程序存储到数据库中，以便查看历史记录。

表 6-24　**tabvestin 视图表格**

ID	AddressNo	AddressName	VestIn
1	01001	北京	上海
2	01337	北京二级中转	上海
…	…	…	…

13）userinfo 表

（1）按照 bagtable 表的制作方法，为 userinfo 表设置字段名，并且设置主关键字，具体设计见表 6-25。其中 ID 表示设置数据的编号，采用的数据类型为自动编号，Using 表示是否使用，UseId 表示用户编号，UseName 表示用户名，Company 表示公司，Department 表示寄件点，Mobile 表示用户联系方式。

表 6-25　**userinfo 表的结构**

字段名称	数据类型	字段大小	字段含义
ID	自动编号	长整型	队列编号
Using	文本	2	是否使用
UseId	文本	8	用户编号
UseName	文本	12	用户名
Company	文本	15	公司
Department	文本	15	寄件点
Mobile	文本	15	用户联系方式

（2）编辑 userinfo 表的内容，见表 6-26。该表用于储存操作员的账户和联系方式等信息，以实现对用户的系统管理、设置用户信息和用户登录。

表 6-26　**userinfo 视图表格**

ID	Using	UseId	UseName	Company	Department	Mobile
1	是	4403533	020162157	番禺市桥	沙湾分部	13535070717
2	是	4403532	020162156	番禺市桥	沙湾分部	15013031792
…	…	…	…	…	…	…

6.3 系统设计与实现

6.3.1 程序主界面

窗体名称:FrmMain,本程序主窗体主要用于各个模块之间的切换,实现人性化的操作界面。主要功能包括系统参数设置、连接PLC、落包口设置、小车设定、删除数据、出港扫描等。

1) 界面设计

新建窗口,命名为"FrmMain",作为系统的主窗体,设计并放置控件如图 6-7 所示。

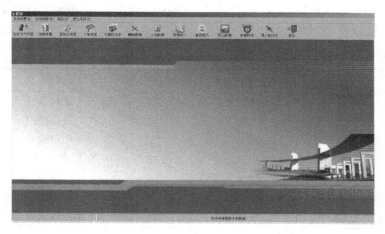

图 6-7 主窗体示意图

添加菜单栏 toolbutton 控件,并修改 caption 属性,分别为各个按钮的名称,具体可见图 6-7。然后通过 mainmenu 控件设置菜单栏,添加菜单选项,设计如图 6-8 所示。

向窗体中添加 TDataSource 控件,作用是数据集控件和数据显示控件连接。添加 TMainMenu 控件,用于创建主菜单。添加 TActionList 控件,将一些控件的事件集中管理。添加 1 个 Ttimer 控件,用于控制扫描间隔时间。此外还有 TToolBotton 控件,作用是增加按钮。具体设计见表 6-27,由于按钮控件较多,此处只以"出港扫描"按钮为例。

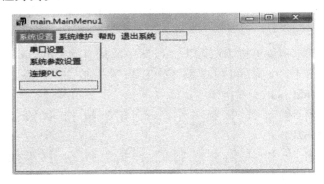

图 6-8　菜单栏设计

表 6-27　主要控件属性设计及功能

控件类型	控件名称	主要属性设置
TDataSource	DataSource	AutoEdit = ture
		Enabled = ture
TMainMenu	MainMenu	AutoMerge = False
TActionList	ActionList	State = asNormal
Ttimer	timer	Interval = 30
TToolBotton	ToolBotton	Caption = "出港扫描"

2）程序设计

（1）为窗体添加函数

添加 ToolBar1 Click 函数, 功能: 设置框体。

添加 Image1 Click 函数, 功能: 添加背景图片。

添加 DataSource1 DataChange 函数, 功能: 连接数据控件和数据显示。

添加 ReadTimerTimer 函数, 功能: 设置时间函数, 控制扫描间隔时间为 0.1 s。

（2）对窗体和菜单栏的动作按钮添加触发事件：

在窗体和菜单栏"系统参数设置"按钮中添加事件 ParaSetExecute；

在窗体和菜单栏"连接 PLC"按钮中添加事件 LinkPLCExecute；

在窗体和菜单栏"落包口设置"按钮中添加事件 ToolButton5 Click；

在窗体和菜单栏"小车设定"按钮中添加事件 ToolButton7 Click；

在窗体和菜单栏"删除数据"按钮中添加事件 ToolButton6 Click；

在窗体和菜单栏"出港扫描"按钮中添加事件 BtnLeavePortClick；

在窗体和菜单栏"派件扫描"按钮中添加事件 BtnLeavePortClick；

在窗体和菜单栏"退出"按钮中添加事件 ToolButton1 Click；

程序运行时，先进行初始化操作，对小车和落包口的状态进行清零处理，然后进行数据传输，连接扫描枪，再通过数据库访问队列，得到返回值是否为 0，是则在 PLC 通信写入数据。以下为出港扫描部分程序：

```
procedure Tmain. BtnLeavePortClick ( Sender：TObject )；
var i：integer；
Sqlstr：String；
begin
    if P_SystemStatus = 0 then
    begin
        showmessage('系统还未稳定,请稍等!')；
        BtnLeavePort. Down：= false；
        BtnPutIn. Down：= false；
        DBGridEh2. Hide；
        exit；
```

```
end；
    if BtnLeavePort. Down then
    begin
        P_CurType：=0；// 出港扫描
        DataMd. AQryTemp. Close；
        SqlStr：='update SysInfo set SystemScanType =0'；
        DataMd. AQryTemp. SQL. Clear；
        DataMd. AQryTemp. SQL. Add( SqlStr) ；
        DataMd. AQryTemp. ExecSQL；
    end；
    if BtnPutIn. Down        then
    begin
        P_CurType：=1；// 进站扫描
        DataMd. AQryTemp. Close；
        SqlStr：='update SysInfo set SystemScanType =1'；
        DataMd. AQryTemp. SQL. Clear；
        DataMd. AQryTemp. SQL. Add( SqlStr) ；
        DataMd. AQryTemp. ExecSQL；
    end；
    if BtnPutIn. Down = BtnLeavePort. Down then
    begin
        P_CurType：= -1；
DataMd. AQryTemp. Close；
        SqlStr：='update SysInfo set SystemScanType = -1'；
        DataMd. AQryTemp. SQL. Clear；
        DataMd. AQryTemp. SQL. Add( SqlStr) ；
        DataMd. AQryTemp. ExecSQL；
    end；
    main. SysStatusInit( ) ；
    Sqlstr：='select * from chargescan where UpLoadYN < >1
```

and type = ' + inttostr(P_CurType) + ' order by ScanTime desc';
   datamd. DSChargeScan. Close;
   datamd. DSChargeScan. CommandText: = Sqlstr;
   datamd. DSChargeScan. Open;
  if BtnPutIn. Down < > BtnLeavePort. Down then
        DBGridEh2. Show
  else DBGridEh2. Hide;
  main. ReadTimer. Enabled: = true;
   {

  if (Sender as Tcheckbox). Name = 'CheckBox1' then checkbox2. Checked: = not checkbox1. Checked ;
  if (Sender as Tcheckbox). Name = 'CheckBox2' then checkbox1. Checked: = not checkbox2. Checked ;
  if CheckBox1. Checked then P_CurType: = 0;
  if CheckBox2. Checked then P_CurType: = 1;
  for i: = C_AddExportYn + 1 to C_AddExportYn + 150 do
  begin
    main. CltSocket10. Socket. SendText(WriteText(i,1,1)) ;
    sleep(2) ;
  end;
  Sqlstr: = 'select ∗ from chargescan where UpLoadYN < > 1
and type = ' + inttostr(P_CurType) + ' order by ScanTime desc';
  datamd. DSChargeScan. Close;
  datamd. DSChargeScan. CommandText: = Sqlstr;
  datamd. DSChargeScan. Open;
  DBGridEh2. Show;
  main. ReadTimer. Enabled: = true; }
  end;
  procedure Tmain. MenuInitClick(Sender: TObject) ;
  begin

```
    main. SysStatusInit( )
  end；
    end.
```

6.3.2　登录模块

窗体名称：Frmlogin，用于登录系统，作为系统的登录界面，允许管理员登录系统主界面。

1）界面设计

登录窗口的制作操作步骤：

（1）在工程中新建一个登录模块窗口，保存在"Frmlogin. pas"源文件中。窗口 Caption 属性设为"登录"。

（2）在新窗口中添加控件，并且保存设置的结果。主要控件属性设置及其功能见表6-28。制作的登录窗口如图6-9所示。

表 6-28　主要控件属性设置及其功能

控件类型	控件名称	主要属性设置	主要功能
TLable	Lable3	Caption ='快递快速分拣系统服务器端'	显示快递快速分拣系统服务端字样
TButton	BitBtn2	Caption ='退出'	按钮组件，用于取消操作
TTimer	Timer1	Enabled ='True' Interval ='1000'	定时器每隔 1 000 ms 响应一次

图 6-9　登录窗口

2）程序设计

在"Frmlogin. pas"中添加 BitBtn2Click 函数，设计功能：弹出"确实要关闭服务器吗？"对话框，若是，则关闭，否则跳转回当前界面。

在"Frmlogin. pas"中添加 Label3 Click 函数,功能:显示文本。

在"Frmlogin. pas"中添加 Timer1 Timer 函数,功能:设置定时器 1 000 ms 响应一次,读取主界面。

在"Frmlogin. pas"中添加 FormClose 函数,功能:关闭页面。

用户在登录模块中,间隔 1 s 登录主界面,如果点击"退出"按钮,跳出对话框"是否要关闭服务器",点击"是"关闭页面,点击"否"则返回登录页面。主要程序如下:

```
procedure TLogin. FormClose ( Sender: TObject; var Action: TCloseAction);
var h:integer;
begin
h: = FindWindow(nil, 'scktsrvr');
if h < > 0 then PostMessage(h,WM_CLOSE,0,0);
Action: = caFree;
end;
procedure TLogin. BitBtn2 Click (Sender: TObject);
begin
    if MessageDlg ('确实要关闭服务器吗?', mtWarning,
[mbYes, mbNo], 0) = MrYes then close;
end;
procedure TLogin. FormCreate(Sender: TObject);
var h:integer;
begin
    h: = findwindow(nil, 'scktsrvr');
    if h = 0 then WinExec ('scktsrvr. exe', SW_SHOWNORMAL);
    ZoomEffect(login, zaMinimize);
    login. Hide;
end;
procedure TLogin. Timer1 Timer(Sender: TObject);
```

```
var i: integer;
begin
    ZoomEffect(login, zaMinimize);
    timer1. Enabled: = false;
main. CltSocket10. Active: = false;
    datamd. DSInfo. Close;
    datamd. DSInfo. Open;

    sleep(1000);
    main. CltSocket10. Host: = datamd. DSInfo. FieldByName
('PLCIPAdd'). asstring;
        main. CltSocket10. Port: = datamd. DSInfo. FieldByName('
PLCPortAdd'). AsInteger ;
        main. CltSocket10. Active: = true;
//        main. svrSocket189. Host:  = datamd. DSInfo. Field-
ByName('PLCIPAdd'). asstring;
        main. svrSocket189. Port: = 9909 ;
        main. svrSocket189. Open;
        main. ReadTimer. Enabled: = true;
main. ProgressBar1. Max: = P_CarNum;
login. Hide;
        main. Show;
//        main. SysStatusInit();
        main. ReadTimer. Enabled: = true;
end;
procedure TLogin. Label3Click(Sender: TObject);
begin
end;
End.
```

6.3.3 落包口设置

窗体名称：FrmExportSet，用于设置落包口信息，方便包件的落包。

1）界面设计

设置界面的具体制作步骤：

在工程中新建一个设置模块窗口，保存在"FrmExportSet. pas"源文件中。窗口的 Caption 属性设置为"落包口设置"。

在新窗口中添加控件，并保存设置的结果，其中主要控件属性设置及其功能见表 6-29。制作的落包口设置界面如图 6-10 所示。

表 6-29　主要控件属性设置及其功能

控件类型	控件名称	主要属性设置	主要功能
TRadioButton	RdBtnOut	Caption ="出站扫描设置"	单选按钮组件，用于"出站扫描设置"操作
TRadioButton	RdBtnln	Caption ="到站扫描设置"	单选按钮组件，用于"到站扫描设置"操作
TLabledEdit	EdtAimStationNo	ImeName ="中文（简体）搜狗拼音输入法"	用于输入文字
TButton	Button1	Caption ="修改"	按钮组件，用于"修改"操作
TButton	Button2	Caption ="关闭"	按钮组件，用于"关闭操作"

图 6-10　落包口设置界面

2）程序设计

在"FrmExportSet. pas"中添加 RdBtnOutClick 函数,功能:单选,选择出站扫描设置时切换到出站扫描设置,否则选择到站扫描设置。

在"FrmExportSet. pas"中添加 Button1 Click 函数,功能:修改数据库中的内容。

在"FrmExportSet. pas"中添加 SpeedButton1 Click 函数,功能:关闭界面。

在"FrmExportSet. pas"中添加 Panel2 Click 函数,功能:显示下方文本。

在落包口设置模块中,操作员可选择出站扫描设置或者入站扫描设置,然后填写编码,可以修改编码,最后退出页面。主要功能程序如下:

```
procedure TExportSet. RdBtnOutClick ( Sender：TObject) ;
var SqlStr：string ;
begin
    SqlStr：= 'SELECT Id , exportBh , exportno ,'
            + 'Case type WHEN 0 THEN ' + '''' + '出站扫描'
+ '''' + ' ELSE ' + '''' + '到站扫描' + '''' + ' END as type ,'
            + 'CASE way WHEN 0 THEN ' + '''' + '内' + ''''
+ ' ELSE ' + '''' + '外' + '''' + ' END AS way ,'
            + 'AimStationNo FROM exportstatus' ;
    if RdBtnOut. Checked then    SqlStr：= SqlStr + ' where type
= 0 '
    else    SqlStr：= SqlStr + ' where type = 1 ' ;
    datamd. dsExportSet. Close ;
    datamd. dsExportSet. CommandText：= SqlStr ;
    datamd. dsExportSet. Open ;
end ;
procedure TExportSet. Button1 Click ( Sender：TObject) ;
```

var SqlStr: string;

begin

　　SqlStr: = ' UPDATE ExportStatus SET aimStationNo = '
+ '''' + EdtaimStationNo. Text + ''''

　　　　　　　+ ' where Id = ' + Datamd. dsExportSet. Field-
ByName('id'). AsString;

　　DataMd. AQryTemp. Close;

　　DataMd. AQryTemp. SQL. Clear;

　　DataMd. AQryTemp. SQL. Add(SqlStr);

　　DataMd. AQryTemp. ExecSQL;

　　DataMd. dsExportSet. Refresh;

　　if DataMd. DSCarExportStatus. Active then

　　　　DataMd. DSCarExportStatus. Refresh;

end;

procedure TExportSet. SpeedButton1 Click(Sender: TObject);

begin

　close;

end;

6.3.4 小车设置

窗体名称:FrmCarSet,用于设置小车是否可用。

1) 界面设计

具体操作步骤:在工程中新建一个小车设置模块窗口,保存在
"FrmCarSet. pas"源文件中,在窗口设置 Caption 属性为"小车设
置"。在新窗口中添加控件,然后保存设置的结果,主要控件属性
设置及其功能见表6-30。制作的小车设置窗口如图6-11所示。

表 6-30　主要控件属性设置及其功能

控件类型	控件名称	主要属性设置	主要功能
TPanel	Panle1	Caption = "注意:如果要禁用某小车,只需将允许"使用否"设为 1 就可"	显示上方文本

续表

控件类型	控件名称	主要属性设置	主要功能
TSpeedButton	BtnOk	Caption = "确定"	按钮组件,执行"确定"操作
TSpeedButton	SpeedButton2	Caption = "关闭"	按钮组件,执行"关闭"操作

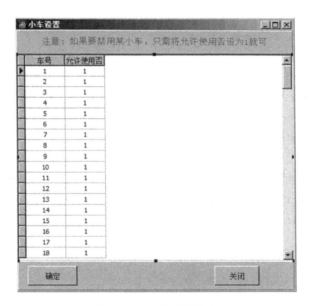

图 6-11　小车设置界面

2）程序设计

在"FrmCarSet. pas"中添加 Panel1Click 函数,功能:显示文本。

在"FrmCarSet. pas"中添加 BtnOKClick 函数,功能:确定是否对小车进行屏蔽操作。

在"FrmCarSet. pas"中添加 SpeedButton2Click 函数,功能:关闭页面。

管理员登入小车设置界面,对小车的状态进行设置,在其状态

栏中选"1"就可屏蔽该小车,使其失去运输功能。主要程序如下:

```
procedure TCarSet. BtnOKClick(Sender: TObject);
var i:integer;
SqlStr:string;
begin
    with Datamd. DsCarSet do
    begin
      First;
      while not eof  do
      begin
//      if FieldByName('AlowUseYN'). AsInteger = 1 then
main. CltSocket10. Socket. SendText(WriteText(C_AddCarHaveYn +
FieldByName('CarNo'). AsInteger, 0, 1 - FieldByName('AlowU-
seYN'). AsInteger));
              sleep(2);
main. CltSocket10. Socket. SendText(WriteText(C_AddCarHaveYn +
FieldByName('CarNo'). AsInteger, 0, 1 - FieldByName('AlowU-
seYN'). AsInteger));
              sleep(2);
          Next;
        end;
    end;
    //SqlStr: = 'UpDate CarStatus set HaveYN = 1 where AlowU-
seYN = 1';
    SqlStr: = 'UpDate CarStatus set HaveYN = AlowUseYN';
    DataMd. AQryTemp. Close;
    DataMd. AQryTemp. SQL. Clear;
    DataMd. AQryTemp. SQL. Add(SqlStr);
 // memo2. Lines. Add(SqlStr);
    DataMd. AQryTemp. ExecSQL;
```

```
end；
procedure TCarSet. SpeedButton2Click（Sender：TObject）；
begin
    close；
end；
```

6.4　系统测试与运行

系统运行中，首先出现登录界面，管理人员通过登录界面进入系统主界面，如图 6-12 所示。系统主界面包括主菜单和辅助功能按钮，分别为连接 PLC、落包口设定、小车设定、删除数据、出港扫描、派件扫描、退出等按钮。通过对系统操作可以完成出港扫描工作、修改落包口和小车设定等操作。

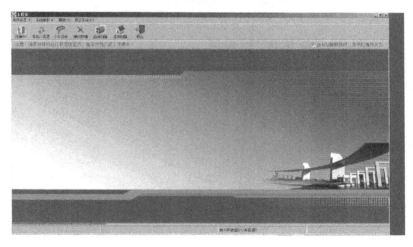

图 6-12　运行主界面窗口

点击"出港扫描"，开始扫描。如图 6-13 所示。

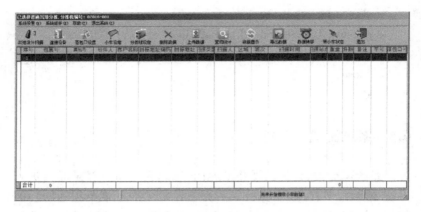

图 6-13　出港扫描示意图

点击小车设定，开始设置小车初值，如图 6-14 所示。

车号	允许使用否
1	1
2	1
3	1
4	1
5	1
6	1
7	1
8	1
9	1
10	1
11	1
12	1
13	1
14	1
15	1
16	1
17	1
18	1
19	1
20	1
21	1
22	1

注意：如果要禁用某小车，只需将允许使用否设为1就可

确定　关闭

图 6-14　小车设定示意图

点击落包口设定，开始设置落包口，如图 6-15 所示。

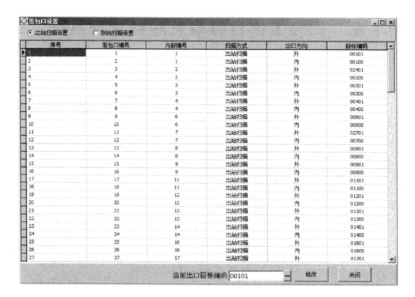

图 6-15　落包口设置示意图

第7章 扫描工作台终端及后台管理系统

7.1 系统需求分析

该系统由物流管理模块、快件扫描、人工补码、用户管理模块和系统配置模块组成。系统采用 C#开发语言、SQL Server 数据库进行开发,具有快件扫描、人工补码等核心功能。

7.1.1 系统角色

本系统针对的用户主要有两类,分别为系统管理员和流水线上的工人。管理员主要负责物流管理、用户管理和系统配置等功能;而普通工人主要负责快件扫描、人工补码和部分快件查询功能。

7.1.2 功能分析

1）功能分析说明

本系统分服务器端和客户端,管理员工作在服务器端,而普通用户工作在客户端。服务器端的功能主要分为 3 个部分:物流管理、用户管理和系统配置。同时,物流管理又分为物流查询和物流显示,以直方图显示当天流向各个目的站点的快件数量排序的前十名;用户管理又分为用户添加、用户查询和用户删除;系统配置又分为清空、数据备份和查看当前网点配置信息。相比于服务器端,客户端多了快件扫描和人工补码两个功能,同时快件扫描和人工补码是整个系统最核心的功能。快件扫描主要是模拟扫描,输入快递单号后,根据分拣信息请求接口;获得端口相关配置信息,倘若未获取到目的地与分拣口信息,就进入人工补码界面,对缺失信息的快件进行补码,补码成功之后再进行扫描。系统流程图如图 7-1 所示。

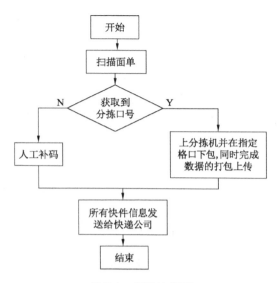

图 7-1 系统流程图

2）功能用例模型

因为系统用户分为两类:普通用户和管理员,针对不同用户,功能也不相同。普通用户的主要工作为快件扫描和人工补码,同时扫描和补码是整个系统的核心功能。图 7-2 所示为普通用户用例图,图 7-3 所示为管理员用例图。

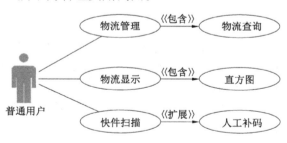

图 7-2 普通用户用例图

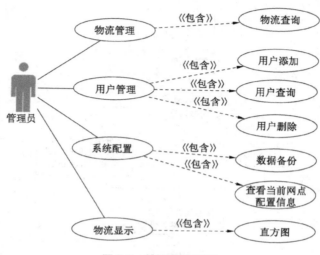

图7-3 管理员用例图

（1）物流查询

参与者：管理员、普通用户。

简要说明：对用户查询物流信息进行处理，并向用户显示物流查询之后的结果。

前置条件：用户已经登录系统（客户端与服务器端的连接已经建立），并且普通用户已进行扫描或管理员之前已进行数据备份。

（2）用户管理

参与者：管理员。

简要说明：管理员对用户有添加、查询和删除操作，查询是根据用户名进行查询，查询成功会显示用户的基本信息；删除，首先显示系统所有的普通用户，管理员选择其中一个进行删除。

前置条件：管理员已经成功登录系统，已有普通用户成功注册。

（3）快件扫描

参与者：普通用户。

简要说明：用户对快件进行模拟扫描，输入快递编号之后，获取必需的相关信息，扫描成功后到达上包台，等待进入流水线，掉入对应分拣口。

前置条件：流水线状态为开，快件扫描才可以进行。

（4）人工补码

参与者：普通用户。

简要说明：用户对快件进行模拟扫描，由于未获取到分拣口与目的地信息，因此需要进行人工补码，填补目的地。获取分拣口之后，再次进行扫描，成功后再到达上包台，等待进入流水线，掉入对应分拣口。

前置条件：扫描时某些快件缺少目的地等重要信息。

（5）数据备份

参与者：管理员。

简要说明：管理员对当天扫描的快件进行数据备份，防止数据丢失，提高查询的效率，同时对当天扫描的快件根据目的地进行统计。

前置条件：当天成功扫描快件，对缺失目的地信息的快件已进行人工补码。

（6）查看当前网点配置信息

参与者：管理员。

简要说明：管理员查看当前网点所在地的相关信息，如分拣线编码等信息。

前置条件：管理员成功登录系统。

（7）数据统计

参与者：管理员。

简要说明：管理员对当天扫描的快件以目的站点进行统计，最后直方图显示快件数量的前十名。

前置条件：当天成功扫描快件。

7.2　功能模块及数据库设计

7.2.1　客户端功能模块设计

客户端模块设计如图 7-4 所示。

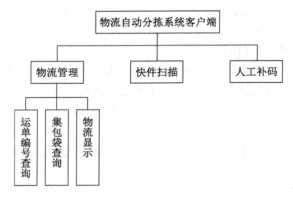

图7-4　客户端模块设计图

（1）物流管理模块

该模块为系统的基本模块，普通用户与管理员都具有此功能。物流管理主要包括物流查询和物流显示。客户端物流查询共提供两种查询方式，分别为根据快递编号查询和集包袋的编号查询；而物流显示实际上是根据时间来进行查询，这个功能提供直方图，直观显示当天快件的流向。

（2）快件扫描模块

该模块为整个系统的核心功能。进入快件扫描之前，首先应该确定流水线为开启状态，并完成系统初始化工作。快件扫描的流程：首先进行面单扫描，判断是否为中通快件。若不是，进入异常口；若是，则调用分拣信息请求接口，判断是否有获取到分拣口的信息。若没有获取到，进入人工补码库进行补码，补码结束后再转至面单扫描；若获取到分拣口信息，则将快件放在小车上，并在对应的分拣口掉落，完成数据的打包上传。

模拟快件扫描时只要输入运单编号，其他信息由外网接口获取。其中，扫描人、扫描时间、上包口等字段是默认填写且不允许修改的。

（3）人工补码模块

该模块也是系统的核心模块。人工补码模块继于快件扫描，在扫描中遇到分拣口信息缺失的情况时，将该快件信息保存到补码表中,等待人工补码。补码时,填写运单编号和目的站点信息,通过数据库中端口配置信息表获取分拣口信息并自动填写,完成补码工作,并将结果推送给中通。

7.2.2 服务器端功能模块设计

服务器端设计图如图 7-5 所示。

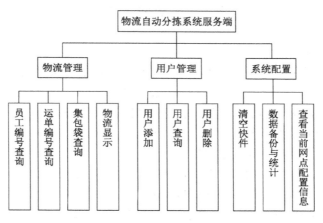

图 7-5 服务器端设计图

（1）物流管理模块

该模块与客户端的物流管理模块没有明显的区别,只不过物流查询这一项提供了 3 种查询方式,比客户端多出的是根据扫描员的用户编号进行查询的。

（2）用户管理模块

该模块是服务器端所有,是管理员特有的功能。用户管理模块主要分为用户添加、用户查询和用户删除。用户查询是根据用户名称进行查询的。

（3）系统配置模块与用户管理模块一致,不为普通用户所有。系统配置模块主要分为 3 个部分,分别为清空快件、数据备份与数据统计和查看当前网点配置信息。其中,数据备份与统计是指将当天扫描的快件信息备份到数据库的另外一张表中,并对当天扫描的快件以目的站点为分类进行统计。

7.2.3 数据库设计

1）数据库需求分析

设计数据库时应考虑现实情况,由于每天的快件量巨大,想要在表中查询以往的快件很困难,因此在建扫描表时同时建立一个备份表,将每天扫描的快件进行备份。如果想查询当天的快件就可以选择在扫描表中进行查询,查询以往快件时就选择在备份表中进行查询。

2）数据库概念设计

在概念设计的阶段中,应该将用户对数据的需求统筹成一个概念模型,然后再将概念模型转化成逻辑模型。将概念设计从整个系统的设计过程中独立出来,实现各阶段任务的相对单一化,从而使设计难度降低。

（1）实体和属性的定义

① 普通用户(用户 ID,用户名,用户密码,手机号码)。

② 管理员(用户 ID,用户名,用户密码,手机号码)。

③ 扫描(快件 ID,快递编号,目的站点,类型,质量,上包口,扫描员,扫描时间,分拣口,站点,集包袋,是否掉落)。

④ 物流(快件 ID,快递编号,目的站点,类型,质量,上包口,扫描员,扫描时间,分拣口,站点,集包袋,是否掉落)。

⑤ 数量(ID,目的地,数量,时间)。

⑥ 补码推送(ID,运单编号,分拣线编码)。

⑦ 面单表达式(ID,表达式)。

⑧ 端口配置信息(ID,分拣线编码,分拣口编码,目的站点编码,目的站点名,分拣模式,二段码)。

（2）E-R 关系图

一个管理员可以管理多个普通用户,也可以查询多个快件,备份统计多个快件;一个普通用户可以查询多个快件,也可以扫描多个快件,补码多个快件。E-R 关系如图 7-6 所示。

3）数据库逻辑设计

概念设计的结果就是 E-R 图,逻辑设计就是将 E-R 图转换成关系模型,但是在这一过程中需要解决两个问题,一是实体集与实体集之间的联系如何转换成关系模式,二是怎样确定这些模式。在数据库的逻辑设计中,还应该考虑关系模式规范化的问题,应该对生成的关系模式做出一些适当的调整,从而使关系模式的设计更加合理。该系统的数据库关系模式如图 7-7 所示。

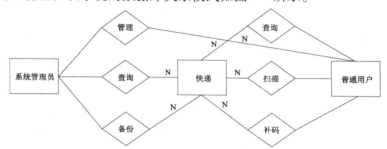

图 7-6 E-R 图

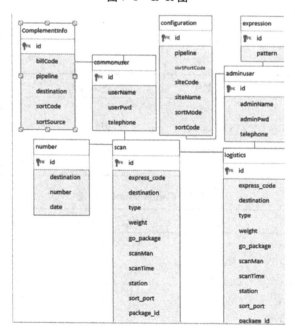

图 7-7 数据库关系模式图

4）数据库实现

本系统开发所采用的数据库是 SQL Server2012，SQL Server 是一个高性能的、可扩展的，为分布式客户机/服务器计算所设计的数据库管理系统。本系统的各数据见表 7-1～7-8。

表7-1 expression 表

列名	数据类型	允许 Null 值	备注
id	bigint	否	自增
pattern	varchar(50)	否	正则表达式

表7-2 number 表

列名	数据类型	允许 Null 值	备注
id	bigint	否	自增
number	bigint	否	数量
destination	varchar(50)	否	目的站点
date	datetime	否	日期

表7-3 adminuser 表

列名	数据类型	允许 Null 值	备注
id	bigint	否	自增
adminName	varchar(50)	否	用户名
adminPwd	varchar(50)	否	用户密码
telephone	varchar(50)	否	手机号码

表7-4 ComplementInfo 表

列名	数据类型	允许 Null 值	备注
id	bigint	否	自增
billCode	varchar(50)	否	运单编号
pipeline	varchar(50)	否	分拣线编码
destination	varchar(50)	否	目的站点
sortCode	varchar(50)	否	二段码
sortSource	varchar(50)	否	分拣来源

表 7-5　configuration_of_port 表

列名	数据类型	允许 Null 值	备注
id	bigint	否	自增
pipeline	varchar(50)	否	分拣线编码
sortPortCode	varchar(50)	否	分拣口编码
siteCode	varchar(50)	否	目的站点编码
siteName	varchar(50)	否	目的站点名
sortMode	varchar(50)	否	分拣线分拣模式
sortCode	varchar(50)	否	二段码

表 7-6　commonuser 表

列名	数据类型	允许 Null 值	备注
id	bigint	否	自增
userName	varchar(50)	否	用户名
userPwd	varchar(50)	否	用户密码
telephone	varchar(50)	否	手机号码

表 7-7　logistics 表

列名	数据类型	允许 Null 值	是否主键	备注
id	bigint		是	自增
express_code	varchar(50)		否	运单编号
destination	varchar(50)	允许	否	目的地
type	varchar(50)		否	快件类型
weight	float		否	质量
go_package	bigint		否	上包口
scanMan	varchar(50)		否	扫描员
scanTime	varchar(50)		否	扫描时间
sort_port	varchar(50)	允许	否	分拣口
station	varchar(50)		否	站点
package_id	bigint	允许	否	集包袋
fall	bigint	允许	否	是否掉落

表 7-8　scan 表

列名	数据类型	允许 Null 值	是否主键	备注
id	bigint		是	自增
express_code	varchar(50)		否	运单编号
destination	varchar(50)	允许	否	目的地
type	varchar(50)		否	快件类型
weight	float		否	质量
go_package	bigint		否	上包口
scanMan	varchar(50)		否	扫描员
scanTime	varchar(50)		否	扫描时间
sort_port	varchar(50)	允许	否	分拣口
station	varchar(50)		否	站点
package_id	bigint	允许	否	集包袋
fall	bigint	允许	否	是否掉落

7.3　详细设计

这一节主要用来说明各个重要模块的实现过程,对一个模块的流程进行分解,通过设计思想对后来的编码进行铺垫。

7.3.1　客户端模块

1)用户登录模块

(1)整体设计

客户端与服务器端进行 Socket 通信,将输入的用户名与密码转化成 JSON 数据发送给服务器端,由服务器端进行数据库的查询,判断用户是否登录成功,再将结果发送给客户端。其流程如图 7-8 所示。

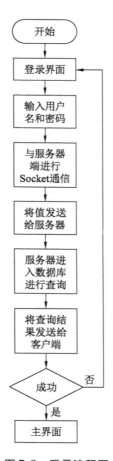

图 7-8　登录流程图

（2）设计思想

用户通过 Form1. cs 登录系统,将输入的用户名、用户密码通过
Form1. cs 中的 Socket 通信方式发送给服务器端,服务器端接收后
进入服务器查询,再通过通信将查询结果返回。

2）物流管理模块

（1）整体设计

用户登录成功之后,可选择查询方式,其流程如图 7-9 所示。

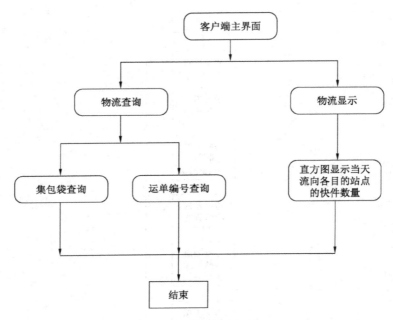

图7-9 物流管理流程图

（2）设计思想

物流显示为窗体 ShowLogistics，物流查询为窗体 LogisticsQuery，当输入运单编号或者集包袋编号时，LogisticsService 通过 QueryLogistics 方法去数据库中进行查询。

3）快件扫描模块

（1）整体设计

用户成功登录代表服务器端已经开启，同时服务期端的开启意味着流水线状态为开，面单规则表达式和端口配置信息已经下载完毕。所以，只有在用户成功登录以后才可以进行快件扫描，其流程如图 7-10 所示。

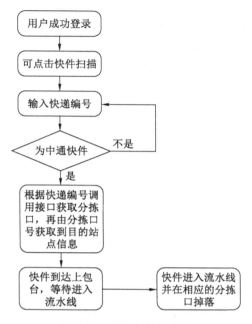

图 7-10 快件扫描流程图

（2）设计思想

用户成功登录之后点击快件扫描可进入 ScanLogistics 窗体,在输入快递编号之后回车触发事件,分拣口、目的站点、质量、站点等信息自动输入;在此之后,快递信息显示在表示清包台的 DataGridView 中,设计一个定时器,在到达上包台 3 s 后,自动显示在表示流水线上的 DataGridView 中,从而达到模拟扫描的效果。

4）人工补码模块

（1）整体设计

当快件扫描遇到目的站点与分拣口等信息缺失的情况时,保存快件信息,在所有快件完成扫描之后,对所有需要补码的快件进行补码,其流程如图 7-11 所示。

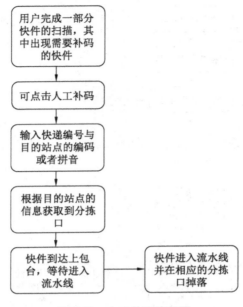

图7-11　人工补码流程图

（2）设计思想

完成快件扫描之后，点击"人工补码"，进入 Complement 窗体，系统自动显示所有需要补码的快件信息并自动选择第一条信息，所以用户输入快递编号与目的站点信息之后触发事件，完成分拣口的自动填写，此时，该快件的补码动作完成，系统只需显示余下需要补码的快件信息。

7.3.2　服务器端模块

相比于客户端的登录，服务期端的登录只需简单的数据库查询就可以完成，服务器端和客户端的物流管理也没有太大的区别，仅仅是多了根据员工编号进行查询，因此，这两个模块不再重复叙述。

1）用户管理模块

（1）整体设计

管理员成功登录之后才可以进行用户管理，若没有进行登录，是无法进行该操作的。用户管理分为用户添加、用户查询和用户删除。其流程如图 7-12 所示。

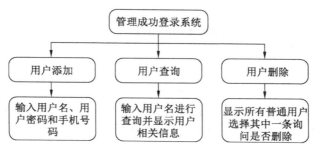

图 7-12 用户管理流程图

（2）设计思想

管理员在没有登录之前，是无法进行用户管理这一项操作的。因此，管理员成功登录之后，点击"用户管理"，进入 UserManage 窗体，工具栏中分别有用户添加、用户查询和用户删除。

2）系统配置模块

与用户管理不同，系统配置模块中的部分功能不需要登录也可以进行使用，例如查看当前网点配置信息。

（1）整体设计

系统配置模块的相对重要的功能为数据备份，因为它不仅将当天扫描的快件在数据库进行备份，同时也将当天的快件以目的站点为中心进行分类统计，统计出流向各个目的站点的快件数量，为物流显示的直方图显示功能服务。

（2）设计思想

管理员成功登录之后，点击"系统配置"，会有清空、数据备份和查看当前网点配置信息 3 个选项。数据备份会通过 CopyData-Service 中的 getScanInfo 方法进行备份，通过 getNumber( ) 进行统计并将结果保存到 number 表中。

7.4 系统实现

这一节主要介绍编码环境与编码工具,并介绍系统的核心功能界面与代码。

7.4.1 开发环境

1) Visual Studio 2013(VS 2013)

与其他版本的 VS 相比,VS 2013 具有功能强大的编码工具与高级调试。编写代码比以往更加快速和流畅,还具有良好的通用性与良好的扩展性。

2) SQL Server Management Studio 2012

SQL Server 是一个基于集合的关系型数据库管理系统,具有很多显著的优点:适合分布式组织的可伸缩性,易用性,良好的性价比等。但是相对于其他数据库产品,它也存在着缺点,如开放性。

3) Socket

常称为"套接字",用于描述端口与 IP 地址,是一个通信链的句柄。

7.4.2 模块实现

1) 客户端用户登录模块

登录界面只是简单的 TextBox、Label 和 Button 的搭配使用,通过登录按钮将输入的用户名和上包口显示在主界面,表明用户的身份,同时在进行快件扫描时不再需要输入扫描人和上包口,而且必须设置为只读,防止客户修改相关信息。由于客户端的登录是通过 Socket 通信完成的,将输入的用户名与密码发送给服务器端,由服务器端去数据库中进行查询,并将结果返回给客户端。登录界面如图 7-13 所示。

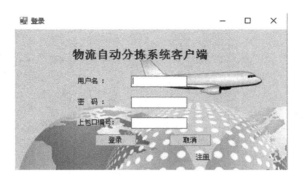

图 7-13　登录界面

2）物流管理模块

物流管理分为两个界面,分别为物流显示和物流查询界面,如图 7-14 和 7-15 所示。简单来说,物流显示就是一种变相的物流查询方式,是依靠时间段来查询的。如物流显示中有两个 Data-TimePicker,用来选择开始时间和结束时间,一旦结束时间已经选定,触发事件进入数据库进行查询。物流查询界面依靠按钮来触发事件,从而达到理想效果。

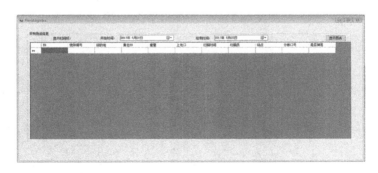

图 7-14　物流显示界面

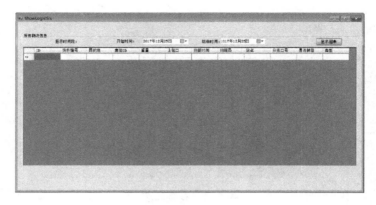

图 7-15　物流查询界面

3）快件扫描模块

（1）快件扫描界面

快件扫描界面主要分为三个部分：第一部分由 Label 和 Text-Box 组成，用来模拟扫描、填写快件相关信息；第二部分和第三部分均由 DataGridView 构成，但是第二部分的 DataGridView 表示的是清包台，第三部分表示的是流水线。因此，快件在经过扫描之后且表示是中通快件时进入上包台在第二部分显示，设定定时器，经过 3 s 后进入流水线，在第三部分显示。界面如图 7-16 所示。

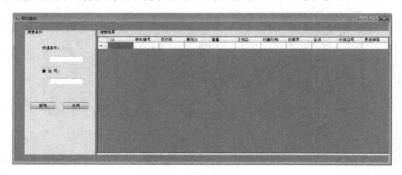

图 7-16　快件扫描界面

（2）功能实现

/// < summary >

/// 验证字符串是否匹配正则表达式的规则

/// </summary>

/// <param name ="inputStr"> </param>

///

```
                private bool IsMatch( string inputStr)
                {
                    Regex reg = new Regex( ScanLogisticsManager.
getExpression( ) );
                    return reg. IsMatch( inputStr) ;
                }
        /// < summary >
```

/// 扫描

/// </summary>

/// <param name ="sender"> </param>

/// <param name ="e"> </param>

```
        private void txtExpressCode _ KeyDown ( object sender,
KeyEventArgs e) {
                if ( e. KeyCode == Keys. Enter)
                {
                    List < string > list = ApiUtilS. GetSort-
PortCode( sortinfo) ;
                    if ( this. txtExpressCode. Text = ="
435746627573") {
                        this. txtSortPort. Text = list[ 0 ] ;
                        this. txtDestinaion. Text =
ScanLogisticsManager. getDes( this. txtSortPort. Text. Trim( ) );
                    }
                    else if ( this. txtExpressCode. Text =
="434482317612")
                    {
```

```
                    this. txtSortPort. Text  =  list[2];
                    this. txtDestinaion. Text  =
ScanLogisticsManager. getDes(this. txtSortPort. Text. Trim());
                }
                    this. txtWeight. Text  =  Convert. ToString
(Math. Round(random. NextDouble() ∗ (3.0 – 0.0) + 0.0, 2));
                    save();
            }
        private void Dowork()
        {
        //将 dgvPackage 的数据清空,并将数据显示在下方
        table = (DataTable)this. dgvPackage. DataSource;
        table. Rows. Clear();
        this. dgvPackage. DataSource = table;
        this. dgvScan. DataSource = ScanLogisticsManager.
getScan();
            int flag = ScanLogisticsManager. InsertPackage _ id
(this. txtExpressCode. Text. Trim());
            }
        ///  < summary >
        ///  保存扫描信息
        ///  < / summary >
        private void save(){
            if (IsMatch(this. txtExpressCode. Text. Trim())){
                if (ScanLogisticsManager. SaveScanInfo(this. tx-
tExpressCode. Text. Trim(), this. txtDestinaion. Text. Trim(),this. txt-
Type. Text. Trim (), Convert. ToSingle (this. txtWeight. Text. Trim
()), package, userName, Convert. ToDateTime (this. txtScanTime.
Text. Trim()),
this. txtStation. Text. Trim(), this. txtSortPort. Text. Trim()))){
```

```
                    this. dgvPackage. DataSource  =
ScanLogisticsManager. getPackage ( this. txtExpressCode. Text. Trim
( ) ) ;
           //到达时间的时候触发的事件
           timer. Tick  +  =  delegate( object o, EventArgs args) {
                 Dowork( ) ; } ;
           timer. Start( ) ;
     }
  } else {
      MessageBox. Show( "此件不为中通快件!" ) ;
  } }
```

4）人工补码模块

（1）人工补码界面

人工补码界面与扫描界面类似,有两个部分:第一部分是进行补码的地方,第二部分是一个 DataGridView,用来显示所有需要补码的快件信息,补码完成之后重新进行快件扫描。其界面如图 7-17 所示。

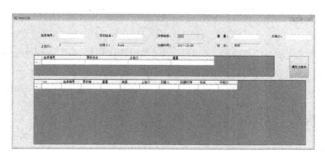

图 7-17　人工补码界面

（2）功能实现

/// 人工补码

/// </ summary >

/// < param name = "sender" > </ param >

```
///  < param name = "e" >  < /param >
        private  void  txtDestinaion _ KeyDown ( object  sender,
KeyEventArgs e) {
            if( e. KeyCode  ==  Keys. Enter) {
                List < string > list  =  ApiUtilS. GetSortPort-
Code( sortInfo) ;
                list. Add("12") ;
                this. txtSortPort. Text  =  list[2] ;
                if
( ScanLogisticsManager. SaveDes ( this. dgvComplement. Rows [ 0 ].
Cells[ 1 ]. Value. ToString( ) ,
                    this. txtDestinaion. Text. Trim( ) , this. txt-
SortPort. Text. Trim( ) ) )
                {            //将原有记录删除
                    if
( ScanLogisticsManager. SaveResult ( this. dgvComplement. Rows [ 0 ].
Cells[ 1 ]. Value. ToString( ) ,
this. txtDestinaion. Text. Trim( ) , this. txtSortPort . Text. Trim( ) ) )
                {      //保存补码结果
                    if( ApiUtilS. PushComplement ( com-
plement) ) {
                        Console. WriteLine ("补码结
果推送成功!") ;
                    }
                }
                this. Complement_Load( sender, e) ;
                    //重新显示需要补码的快件信息
                this. txtDestinaion. Text  =  "";
                this. txtSortPort. Text  =  "";
            }
```

5）系统配置模块

系统配置模块没有界面，它的功能是依靠菜单栏 MenuItem 的点击事件来实现的。因此，这块就放置数据备份的 sql 语句。

数据备份：

insert into logistic（express_Code，destinaion，type，

station，weight，package_id，go_package，scanMan，scanTime，

sort_port，fall）select express_Code，Destination，type，

weight，package_id，go_package，scanMan，scanTime，sort_port，fallfrom scan where scanTime ＝ （select Convert（char（10），getdate（），120））；

7.5　系统测试

这一节是对系统的每个功能进行测试，以防在运行过程中出现某些不可逆的错误。

7.5.1　测试项目

（1）登录测试：输入用户名与密码，能否正常登录。

（2）扫描测试：输入运单编号，能正确显示快件相关信息，并显示在 DataGridView 中。

（3）人工补码测试：在输入运单编号与目的站点编号之后获取到分拣口号。

（4）物流查询测试：输入一个或几个运单编号，显示快件相关信息。

（5）物流显示测试：选择开始时间与结束时间，显示在这一时间段内的快件信息，并可以选择直方图描述某一天流向各目的站点的快件数量。

（6）用户管理测试：添加时输入用户名、密码和手机号码，点击"确定"显示添加成功；点击"用户查询"，输入用户名，显示用户

相关信息；点击"删除"，显示所有用户，点击其中一条信息进行删除。

（7）系统配置测试，点击"数据备份"，显示备份成功与统计成功。

7.5.2　主要测试用例

（1）测试用例1

测试用例名称：登录测试。

测试用例目的：管理员在成功登录之后，客户端用户能否正常登录。

测试方法：输入正确的用户名与密码，成功登录之后显示客户端主界面，输入错误的用户名与密码提示用户名或者密码错误。

测试用例的输入：正确的用户名与密码；错误的用户名与密码。

期待的输出：用户正常登录并显示主界面；用户名或密码错误。

实际的输出：用户正常登录并显示主界面；用户名或密码错误。

（2）测试用例2

测试用例名称：人工补码测试。

测试用例目的：确定补码完成之后，快件信息完整。

测试方法：输入提示信息。

测试用例的输入：输入运单编号与目的站点编码。

期待的输出：在表示分拣口 TextBox 中显示相应的分拣口信息，并在 DataGridView 中删除该条信息。

实际的输出：在表示分拣口 TextBox 中显示相应的分拣口信息，并在 DataGridView 中删除该条信息。

（3）测试用例3

测试用例名称：物流查询测试。

测试用例目的：验证是否可以通过运单编号、集包袋编号和操作员编号查询出快件的相关信息。

测试方法:通过三种不同方式查询。

测试用例的输入:输入运单编号、集包袋编号或操作员编号。

期待的输出:成功查询并显示相关信息。

实际的输出:成功查询并显示相关信息。

（4）测试用例 4

测试用例名称:物流显示测试。

测试用例目的:验证是否可以通过时间段查询出快件的相关信息,是否可以通过直方图显示流向各目的站点的快件数量。

测试方法:选择开始时间与结束时间。

测试用例的输入:时间段的开始与结束;选择具体的某一天。

期待的输出:成功查询并显示相关信息;直方图成功显示流向各目的站点的快件数量。

实际的输出:成功查询并显示相关信息;直方图成功显示流向各目的站点的快件数量。

（5）测试用例 5

测试用例名称:用户管理测试。

测试用例目的:验证是否可以成功添加用户、查询用户与删除用户。

测试方法:点击功能按钮,输入相关信息。

测试用例的输入:添加用户时,输入用户名、用户密码和手机号;用户查询时,输入用户名。

期待的输出:成功添加并显示添加成功;成功查询并显示用户相关信息。

实际的输出:成功添加并显示添加成功;成功查询并显示用户相关信息。

（6）测试用例 6

测试用例名称:系统配置测试。

测试用例目的:验证是否可以成功清楚备份表及成功备份统计数据。

测试方法:点击功能按钮。

测试用例的输入：点击各功能对应的按钮。

期待的输出：成功删除并显示清空；成功备份统计并显示备份成功，统计成功。

实际的输出：成功删除并显示清空；成功备份统计并显示备份成功，统计成功。

7.5.3　测试进度

功能性测试在编码过程中随程序的推进同步进行。在程序编码完成之后，对整个系统进行集成测试。集成测试是根据详细设计中各功能模块的解释说明制定的集成测试计划。

7.5.4　测试结果分析

1）测试的局限性

该测试用例能够检测到本系统的所有功能性错误，但是对于系统的某些小的逻辑错误可能检测不到位。

2）评价测试结果的准则

关于物流自动分拣系统的所有功能都能实现，在输入不符合要求的情况下，能够给出正确的提示。

7.6　结　论

随着电商发展日益成熟，快递分拣的效率要求越来越高，人工分拣已不能满足大批量的分拣需要，交叉带分拣系统能够解决人工分拣效率低，数据更新慢的分拣现状。实施案例样机的分拣系统通过对市场需求的精确分析，获取系统功能需求；通过概要设计对整个交叉带系统功能进行模块划分、功能设计；通过样机实施、详细设计，测试完成每一个模块的功能。系统运行正常，符合设计要求，极大地提高了分拣效率，降低了分拣的差错率。

参考文献

[1] 陈刚,鲁玲,胡小东. 基于 S7 – 200 PLC 控制的邮件自动分拣系统[J]. 机电一体化,2008(3):87 – 90.

[2] 许新. 大型机场行李自动分拣系统及导入子系统研究与应用[D]. 长沙:中南大学,2010.

[3] 王美艳. 基于 SLP 的药品配送中心自动拆零分拣系统规划[J]. 物流技术,2014(4):43 – 47.

[4] 付伟. PLC 在材料自动分拣系统中的应用[J]. 制造业自动化,2012,34(3):136 – 138.

[5] 孙大伟,王晖,赵举峰. 基于 PLC 的烟箱自动分拣系统[J]. 河南科技,2012(11):78 – 79.

[6] 谭刚. 交叉带式高速包刷分拣机的研究与仿真[D]. 重庆:重庆大学,2004.

[7] 吴星峰. 小包邮件自动分拣系统的设计与实现[D]. 吉林:吉林大学,2015.

[8] 李捷. 包裹分拣机上包系统的分析与改进[D]. 北京:北京邮电大学,2008.

[9] 彭华,李灿平. 射频识别技术和 GSM 网络在汽车防盗中的应用[J]. 中国集成电路,2012(5):87 – 91.

[10] 陈锦. 基于射频识别技术的门禁系统研究[D]. 武汉:武汉理工大学,2010.

[11] 方俊,谷冰冰. 基于无线射频识别技术的停车场管理系统设计[J]. 计算技术与自动化,2010,29(3):92 – 95.

[12] 陈亭. 射频识别(RFID)技术在生产线上的应用[D]. 上海:

同济大学,2009.

[13] 黄信兵,刘小娟. 基于 PLC 的脐橙分拣及装箱自动系统设计 [J]. 广东农业科学,2013,40(15):183－184,206.

[14] 黄春阳. 新型交叉带式分拣机主控系统的建模、设计与实现 [D]. 北京:北京邮电大学,2009.

[15] 谢灿兴. 交叉带分拣机上包台的建模与仿真[D].北京:北京 邮电大学,2010.